天下雜誌
觀念領先

孫子給社長的13大謀略＆55項謀術

社長的孫子兵法

3成日本經營者對孫子兵法愛不釋手

社長のための孫子の兵法

東洋思想研究者
田口佳史 著
葉小燕 譯

【推薦序】

將孫子兵法的精隨，轉譯為現代企業應該有的謀略

詹文男

由於環境變化愈趨激烈與迅速，使得企業界在擬定競爭策略時，常有不知如何下手的疑惑，因而常求教於教授學者。然而，學術界提供的理論方法，其內涵要嘛不能與時俱進，不然就是複雜難懂，難以在實務上操作。

尤其對於廣大的中小企業主而言，期望能夠即學即用，這本《社長的孫子兵法》無疑提供了一個捷徑，讓企業主及經理人，可以在短時間內掌握到企業經營的核心策略與作法。

作者田口佳史擷取中國孫子兵法的精髓，轉譯為現代企業應該有的謀略，指導組織如何依循行動方針做足心理準備，領導組織跨越險境、克服難關。以經營計畫為例，作者建議領導者先一一檢視孫子所說的「五事」，即「道、天、地、將、法」。「道」，自身擁有他人所沒有的價值是什麼？「天」，如何因應社會需求？「地」，如何取得市場定位？

「將」，必須發揮的能力是什麼？「法」，以什麼樣的組織去執行最佳？

又如商品計畫，「道」代表如何訂定商品概念？「天」，如何因應趨勢潮流？「地」，公司既有商品如何取得市場定位？「將」，要讓具備何種能力的人成為領導者？「法」，商品具備優勢的條件是什麼？若能誠實面對，縝密分析，就能提出贏的策略。

作者田口佳史為Image Plan股份有限公司社長，以東洋領導者學說為主軸，指導過兩千多家企業。在這本書中，他除了闡釋孫子兵法的核心概念外，也將其應該如何運用於現代企業的市場競爭做完整的交代，尤其內文列舉許多實用的案例與分析工具，協助讀者能夠舉一反三，是一本非常實用的教戰手冊，值得一讀！

（本文作者爲資策會產業情報研究所（MIC）所長）

【推薦序】

《孫子兵法》——菁英人物必讀的世界級經典

嚴定暹

亞馬遜書店的網站載：「如果你一生只能讀一本書，請讀《孫子兵法》！」《孫子兵法》這本二五〇〇年前寫成的智慧經典，雖然不是歷史，卻與人類的演進發展長相左右，時至今日，《孫子兵法》已是菁英人物必讀的世界級經典——現任美國總統川普（Donald Trump）推薦的書單第本就是「孫子兵法」。川普說：「要多讀讀《孫子兵法》！」現任美國國防部長馬蒂斯經常援引《孫子兵法》教導屬下。先後當過總統的老布希、小布希，則被指稱父子都喜歡《孫子兵法》；另一位總統尼克森撰寫的《不戰而勝》，也坦言「借鑒過《孫子兵法》的思想。」

天下雜誌出版日本作者田口佳史的新書《社長的孫子兵法：孫子給社長的13大謀略&55項謀術》——這本書掌握了《孫子兵法》的幾項精義：

一、「只有不會打仗的將軍，沒有不會打仗的兵」——戰事成敗，繫之於將軍的才智，作者說：

「『社長最重要的工作是思考自己帶領的公司若要取得絕對性的勝利，該怎麼做？』這種時候要是看法有了偏差，不論是多麼聰明的點子，都無法模擬勝利的模式。一不小心，還可能導致事業的失敗與衰退。」

二、「計利必計天下利」——作者說：「務必有所認知，發揮智力到極限和只求利己而聰明反被聰明誤，完全是兩回事。」

三、作者常引用論語、孟子詮解《孫子兵法》的觀念，較之於一般人不知《孫子兵法》重在「仁義」，作者見識獨到而正確。

一位日本學者對於中國文化有如此深刻體認，至為感佩，所以，極樂意推薦這本書！

（本文作者為華人世界第一位笑談孫子兵法的女性學者）

〈前言〉

企業所處的環境，在這十年當中有著急遽的變化。

「瓜分競爭的時代」早已結束，經營上的軸心正被迫轉為「如何形成獨門市場」。

換句話說，經營上要「超越競爭的層次，確保並維持絕對領先的No.1地位」，擁有「順風時隨時代潮流向前邁進；逆風時低姿態閃避風險並頑強存活」的戰略。

回顧過往的企業經營，是多麼脆弱不堪。

有些企業趁著泡沫經濟大幅成長，隨後卻遭反撲而銷聲匿跡；有些企業遭逢雷曼風暴的餘波吞噬後一蹶不振，面臨倒閉的悲慘命運；或者也有些企業是在市場全球化擴展之際，不知不覺脫了隊，任由事業在國內逐漸衰退。

所有「敗陣企業」的共同點，就是經營者缺乏順應時代或是預見時代發展而得以適時改變經營方式的戰略。

這種情況下，可以派上用場的便是《孫子兵法》。

距今約二千五百年前書寫而成的這本書，全篇講述適用於各年代作戰的「普遍真理」。不僅可根據眼前所面臨的狀況做一番靈活的詮釋，更能從中引導出最佳解答。書中集結的盡是自在靈活的智慧。

然而最重要的是，該如何閱讀《孫子兵法》這部「讓經營絕對不失敗的教科書」並活用於現代經營中。本書將基於「孫子經營學」的觀點，針對企業經營要超越當今時代應有的姿態、還有以率領企業組織的社長為首的高層們，如何依循行動方針做足心理準備，以「強大的自我」去跨越險境、克服難關等，引用各種實例為各位說明。

經營者中，愛好閱讀《孫子兵法》的人應該很多吧。說不定有人曲解了「兵者，詭道也」這句名言，認為「以有如互相欺騙的論點來談論企業經營，根本就格格不入」。的確，是會有這樣的考量，然而要是以現代的方式來解讀會是「必須小心敵手之中，有人不惜欺騙他人也企圖勝出」，正是與「知彼知己，百戰不殆」相通的作戰方法。

無論如何，單憑追究字面上的意義，並無法了解它的本質。如果不是認真思考孫子所說的一字一句，去想：「置換為現代的企業經營是什麼意思？要如何去運用？」並付諸實踐的話，可說是失去閱讀的意義。

因此，可將本書視為深入解讀《孫子兵法》，同時可實際應用於現代企業經營的一本著作。

即使在日本回溯至戰國時代，熟讀《孫子兵法》的武將非常多。其中真能夠勝券在握的，也不過就是武田信玄或德川家康等，這些極少數對本質有所領悟並發揮應用能力的人。他們以孫子為戰略的根基，視戰況與敵方的動向，伺機大刀闊斧施展戰略，開枝散葉。

總之，這是將軍們「深入解讀孫子、直搗敵軍作戰」而得的勝利。這同樣可以套用在以公司社長為首的商業領導者身上。

「無論是已經位居高層，或是以未來的企業主、領導者地位為目標的人，如果沒有深入熟讀《孫子兵法》，將無法由競爭中勝出，」即使如此斷言也不過分。希望各位務必以本書為參考，改變經營方針「讓經營絕對不失敗」。

說到我自己，是在二十五歲的時候頭一次踏入中國經典古籍的世界。契機來自於我在泰國曼谷市郊的水田裡遭到兩頭壯碩的水牛攻擊、刺穿身體而負重傷，以至於徘徊在生死關頭的經歷。不經意拿起的一本《老子》，讓我醉心沉迷其中，持續不斷探究「生與死的意義」。

最後得到的結論是「唯有活著才是一百分」。以當時就算死了也不奇怪的這副身軀，我感受到只有自己此刻依然還活著的這個事實才有價值。從那之後，老子的「知足者富」這句箴言就成為我心中的主軸。

另一方面，我以老子做為開頭，研讀了四書（《大學》、《論語》、《孟子》、《中庸》）、五經（《易經》、《書經》、《詩經》、《禮記》、《春秋》），以及法家與《墨子》、《孫子兵法》、《吳子兵法》、《太公六韜》、《黃石公三略》等兵法書，還有宋學、陽明學等經典古籍。後來進而以企業經營者與商務人士為對象，向他們講授這些對經營、商務有所助益的中國典籍思想。同時，我也以企業經營顧問的身分前往各企業、官方組織、地方單位、學校、醫療機構等地，協助將近兩千名以上的服務對象。

在誠摯面對這些領導者所承受的諸多苦惱當中，我確信，對於單位組織與人員的管理方面，再也沒有任何一本書比《孫子兵法》來得有效。

近年來，美國知名的商業學校也開始關注《孫子兵法》，將它納入課程的院所似乎也很多。說不定當我們對亨利・福特或艾爾弗雷德・斯隆（譯註：兩位皆爲汽車產業大亨）、甚至是現代行銷戰略學說探究一番之後，會發現根源其實就在孫子。

說起來，現代的戰爭戰略學說，普遍認為是以李德．哈特爵士為起源。他主張空軍戰力與裝甲部隊的重要，同時也是裝甲戰術的創始者，堪稱是「解讀孫子的權威人士」。據說所到之處都運用了孫子的思想。

這完全就是「西元前五世紀左右的孫子戰略學說，不僅可以充分應用於現代戰爭，也構築其根基」的最佳佐證。這樣的戰略學說，同時也與商場作戰時為勝出所需的經營戰略有著共通的本質。此刻，正是各位要研讀孫子的時候，因為《孫子兵法》這部古書，是走在時代最尖端的典籍。

衷心期盼各位（包括未來的）社長們，能夠藉由本書，以現代經營觀點解讀《孫子兵法》，領悟「致勝祕訣」，創設管理「絕對不敗的強大企業」。若能對有魄力構築專屬於自己的「社長孫子學說」並閱讀本書的各位，在經營上有所助益的話，實屬萬幸。

田口佳史

二〇一五年十二月吉日

社長的孫子兵法

目錄

第六 虛實篇 「掌握主導權」

第七 軍爭篇 「化不利為有利」

第一 始計篇

立於相對優勢的地位

1　發揮智力到極限

一家經營良善的公司，無論在商品、服務、組織營運上的「優秀傑出」均可獲得公認。同業之間不用說，即使在產業界裡也都稱得上具備其他公司望塵莫及的強項，立於絕對優勢的地位。

到底是如何辦到的？

這完全來自於社長自己深思熟慮後，創造出其他公司所缺乏的價值，並勾勒出一幅「企業經營」的畫稿，再由每一位員工發揮個人智力的極限，為作品描繪出完美的「圖案」。

換句話說，整間公司都充滿著「以智力決勝負」的良好緊張感。自社長以下的全體員工，時時刻刻將企業經營視為**「公司存亡的重大關鍵」**，對於促進成功、發展應採取的最佳對策，無不**拼命絞盡腦汁徹底深入思考**。比方說，

「這項商品（服務）的價值，難道無法再向上提高一個層級了嗎？」

「該滿足於這樣的數字表現嗎？難道不能設定更高的目標嗎？」

「對於時代趨勢的評估觀察會不會太膚淺？是不是該事先想好評估錯誤時的因應對策？」

「果真已經到了極限嗎？是否可換個角度，開創其他可能？」

像這樣，在時間允許的範圍內，盡可能不以「這樣就好」而滿足，朝著「再進一步」的目標更上一層樓。**擁有這種對工作成果的執著與韌性，成為理所當然的企業風氣。**

常有人說：「不僅是高層人士，全體員工都要擁有經營意識。」那就是在「發揮智力到極限、徹底深入思考」這條延長線上的具體實踐。有關這部分，孫子在〈始計篇〉的開頭是這麼說的：

兵者，國之大事，死生之地，存亡之道，不可不察也。

如同戰爭關乎國家存亡一般，企業如果不設法在競爭中取得勝利，難保何時將面臨倒閉危機、邁向衰退。所以，孫子說：「不要小看企業經營，別以為那很簡單。究竟該如何創造其他公司缺乏的價值，在這場智力作戰中，自己當然不用說，就連員工與其家屬的人生全都牽連在內，要徹底考慮周詳再行動。」

此外，最後一句「不可不察也」，是要我們在**思考的時候「專心一意無雜念」**。所謂專心一意無雜念，是說事情不可能只往對自己有利的方向發展，這樣的期待與念頭要先放下。

「察」這個字，是在「宀＝家」的下面寫個「祭」。代表用「又＝手」獻上供品「月＝肉」，對著「示＝祭壇」合掌時專注無瑕的內心。例如在新年頭一次參拜神佛，雙手合十的時候，大家會誠心誠意地祈求：「我希望可以〇〇。我會努力去做，請保佑我。」這種時候就是專心一意無雜念吧？

心裡計畫著想要達成什麼目標的時候，如果參雜了投機權宜的心態與期待，原本應該順遂的事也會變得不順利。請各位務必有所認知，「發揮智力到極限」和「只求利己而聰明反被聰明誤」，完全是兩回事。

2 五事七計——研擬絕對致勝的戰略

智慧的運用，有所謂的「切入點」。

社長最重要的工作是，思考自己帶領的公司「若要取得絕對勝利，該怎麼做」。這種時候要是看法有了偏差，不論是多麼聰明的點子，都無法模擬勝利的模式。一不小心，還可能導致事業的失敗與衰退。為避免這樣的情況，孫子說：

故經之以五，校之以計，而索其情。

這裡明確指出，社長應該發揮智慧，思考經營上的五項要點，還有對手與自家企業戰力分析的七項關鍵，更提及資訊檢索探查的重要。

換句話說，這是**「要將自己公司打造成讓敵手喪失作戰意願，可以不戰而勝的企業」**。設法讓任何一家敵對企業都認為：

「那家公司太強大了，我們完全沒有勝算。」

「在那個領域是不可能贏得了那家公司的。我們不要介入了。」

孫子闡述的，就是該如何經營一家讓對方主動避開、不與我方競爭的公司，以及其中的要點。

那就是所謂的**「五事七計」**。以下將進一步詳細解說，原來早在西元前五世紀，孫子已經徹底看透了經營的本質，真是令人讚嘆。而其中確實涵蓋了今時今日的意義。

事實上，目前在社會上被視為「了不起的公司」的經營者，即使當事人自己沒有察覺，或是從來沒讀過孫子，都一樣在實踐「五事七計」。因為這些要點，原本就是理當要執行的事項。

在這裡也要有所認知：**「沒有實行五事七計的話，就是位不合格的社長。」**並確實聽從孫子的教誨去執行。這正是引導自家公司發展成為領先群倫企業的第一步。

3　由五個觀點研擬經營計畫以利於作戰

以經營計畫為例，先一一檢視孫子所說的「五事」——「道、天、地、將、法」。

一曰道……。道者，令民于上同意者也。

孫子說，所謂「道」，就是「目標」。居於上位者向下位者明示目標，使眾人的心意得以一致。

所謂的「意」，就是「內心的聲音」。社長傾聽自己心裡的聲音，轉換成話語，忠實地由口中傳達出來。無論標榜著多麼冠冕堂皇的目標，只要不是發自內心，就無法傳達給員工。遭人看穿「有口無心」，便達不到上下一體同心。社長心裡的聲音，也就是發自內心的呼喊、直接以話語表達出來的目標，才能真正撼動員工內心。讓公司整體產生「大家要同生共死，我們是命運共同體，朝著同樣的目標努力吧」這樣一致的感受。在這樣的組織之中，不會出現動搖根本的危險，就連一丁點塵埃乘隙而入的空間都沒有。

社長必須從中領悟的，就是**「誠心誠意抱持打造理想企業的理念，並向員工明確揭示」**的重要。

相信應該每一家公司都有企業理念吧？只不過這所謂的理念，是否融入了社長自己真實的心意？而全體員工是否確實對這個理念有所共識？

在過去，所謂的理念單純只是個裝飾品。大家認為，那不過就是貼在社長辦公室牆上的一堆文字罷了。社長當然不用說，就連員工也沒人會多看一眼，任由牆上那張紙像是用醬油煮過似的，變得老舊暈黃，只被當做是牆壁上的汙漬罷了。

直到最近，總算在「企業理念比什麼都重要」這件事情上，漸漸有了更廣泛的認知，不過說實在的，依然如同過去那樣蔑視輕忽的企業還是不少。

那是不行的。沒有理念，經營不會成功、事業也不會發展。請各位要先牢牢記住，企業理念就是這麼重要，它是公司主要骨幹的根基，應該當做「靈魂」加以強化鞏固。

這可說是在訂定經營計畫之前，必須先面對的問題。之後，社長再明確揭示公司理念，在全體員工徹底了解的基礎上，設定經營計畫的「道」，也就是目標。其中有兩項重點：

第一、**明確界定公司的「生存領域」**。

「即使世界無限寬廣，能在這個事業領域表明立場、大張旗鼓的就只有本公司」，擁有可以抬頭挺胸的專業領域，將有助於公司塑造特色與強化。

第二、**瞄準目光，「創造無人匹敵的價值」**。

「直到有人將事物具體成形展現後，人們才知道自己要的是什麼，」這是史蒂夫．賈伯斯的名言。他以隨身聽為例：「隨身聽上市之後，人們才頭一次發現到自己一直很想要這樣的商品。」

在那之前，人們根本不曾想過把立體音響帶著走。向世人提供這樣的商品與服務，就是創造新價值。將這種觀點做為事業發展的目標之一，員工對於工作所採取的態度將截然不同。大家會因為「要讓客戶說出：『我就是想要這樣的東西。』」而找到工作樂趣，進一步提升自己創造開發新需求的雄心壯志。

只要基於上述兩項設定經營計畫的目標，組織必定會「在創造上發揮智力到極限的所在」，不斷開發出新的商品、服務、系統、商業模式等「作品」。

所謂的企業經營，就如同詩人寫詩、畫家畫畫一般，對於事業活動所帶來的成果、也就是對創造出的「作品」有所感覺，是非常重要的。藉此，包括自己在內的全體員工自然而然可從中培育出「創造力」。

請各位務必在經營計畫的目標中，植入「作品」的概念。

順帶一提，在日本企業中，頭一家感受到企業理念的重要並投入心力去執行的，我想應該是索尼（SONY）吧。他們在創業當初所揭示的「創設公司的目的」真的非常棒。

在這裡提供各位參考。

一、建立一家可以讓認真踏實的技術人員充分發揮最佳技能、人人自由豁達而愉快的工廠。

二、針對日本的重建、文化水準的提升，從技術與生產兩方面，積極展開活動。

三、戰爭期間，將各方面均相當進步的技術，即時應用在民眾的生活中。

四、將各大學、研究所等單位裡，最具備國民生活應用價值的優異研究成果，迅速進行產

品、商品化。

五、讓無線通訊器材類商品融入日常生活中，促進家庭電氣化。

六、積極參與戰爭災情通訊網的修復作業，並提供必要的相關技術。

七、因應新時代，製造、普及優良的廣播通訊組件，徹底推動廣播通訊服務。

八、實際展開國民科學知識的啟蒙活動。

起草這份企業理念的，是創始人之一的井深大先生。各位不覺得，這位前輩栩栩如生地傳達出對於事業的熱忱了嗎？

尤其是在「建設使人感覺自由豁達而愉快的工廠」表現方式上，可以感受到經營者強大的意志。索尼就是依循著這樣的目標去推展事業，因而達到良好發展。

身為社長，就是必須要揭示這種呈現內心訴求的目標才行。

二曰天……。天者，陰陽、寒暑、時制也。

第二項的「天」，就是「天時」。

孫子說，眼前對我軍而言是順風、還是逆風？我軍得以大力施展的時機是嚴寒、還是酷暑？是可以乘勢變化、還是維持不變？由這些角度去挑選最有利的時機發動戰爭吧。

轉換為經營計畫時，可以解讀成**「讓時代潮流為我所用」**。

時代潮流的走向如何？社長必須得走在時代的前端瞄準方向，片刻不移地緊盯跟隨，制定經營計畫。此外，以「不久將面臨這樣的時代，來著手開發這些商品（服務）吧」的觀點，不斷反覆試作新產品。一旦發現自己的評估判讀準確時，即可早一步推出新產品、新服務。絕對不要落在時代之後，但也不要走過了頭，關鍵完全在於看準時機一決勝負。

常有人說：「那個人運氣真好。剛好搭上順風車，所以發展得那麼順利。」這絕對不是「剛好」，而是準確預測到那股風潮，有所計畫的結果。

對於時代潮流的感覺，來自於平時「認真觀察」的磨練。各位要知道，沒有一種成功是「剛好瞄準」就可以達到的。

三曰地……。地者，高下、遠近、險易、廣狹、死生也。

第三項是「地」，就是「地利」。

孫子說，由自己的城池望去，戰地是遠、還是近？是險要的高山峽谷、還是平坦處？是寬闊、是狹窄？是不是我軍可以發揮強項的地方？辨明這些條件，去思考作戰的方法吧。

這部分以經營計畫來說，可以解讀為**「發展成為獨門企業的事業領域」**。

企業是存活於社會中的「生命體」。因此，就如同野生動物會各自依照種類、群體或是家族去劃分勢力範圍，盡可能避免互相殘殺或搶奪而得以存活，社長們最好要考量一下事業領域的「分棲共生」。

為此，在一個沒有「外界人士」或絕對無人介入的市場中，創造獨自的生存領域是最佳選擇。因為當眾多企業要在紛亂的市場中爭取生存領域時，無論如何都會捲入這場大餅爭奪戰裡。

每當我這麼說，必定有人會提出質疑：「就算創造出那樣的生存領域，也不可能一直幸運地佔盡便宜，很難避免其他企業介入吧？」

的確，當熱賣商品一推出，又是在沒有競爭對手、一家獨大的情況下，隨即會有人察覺「這樣的好康怎麼可以都讓那家公司賺走？」便一窩蜂出現好幾家公司進入市場。

要避免這種狀況，有兩種方法。

一個是暫時**不要擴大市場**。也就是在自家公司的專業領域裡決勝負，即使經營順利也不要大張旗鼓，只要如常長期深耕下去就好。

自家公司在該領域中保有絕對優勢之前都要注意。這段期間內，自己的專業能力還沒有確立，一旦有大企業介入就萬事休矣。為避免這樣的情形，只能設法讓對手覺得：「這個市場太小，要再擠進一、兩家公司根本就沒利潤。就算我們插手去做，應該也賺不了多少錢。」讓他們做出這樣的判斷並且對介入你的領域完全不心動。

例如以「蝴蝶牌（BUTTERFLY）」聞名的 Tamasu 公司，自創業以來，一貫以「在桌球這口小井裡持續不斷深入挖掘」為企業宗旨。長時間蓄積公司獨創的技術開發、提升特有價值，如今成為以桌球用品專業製造商而聞名世界的企業。

如果 Tamasu 企圖成為綜合體育用品製造商的話，應該不會有這番成果吧。

因為市場中，已有美津濃（Mizuno）、愛迪達（Adidas）等大企業，一進去恐怕就被吞噬了。

想要擴大，可以等到充分蓄積實力以後再說。

另外一個方法就是，**強力主打無人能仿效的自家獨門專業密技**。能夠如此強大的話，其他公司就難以匹敵。

只是大多數的社長會說：「我們沒有那種值得宣揚的專業密技啦。」果真如此嗎？只是你沒注意到罷了。

實際上，我曾經在某家公司的社長這麼表示後，詢問：「是否可以安排貴公司五、六名客戶與我會面？」就是為了找出這家公司獨有的強項。當時的訪談內容大概如下。

「請問貴公司為什麼會與那家公司有往來？你們一直持續購買他們的產品嗎？」

「他們的產品相當不錯喔。」

「可是，B公司或C公司不是也有一些好商品嗎？這家公司的產品應該不算是出類拔萃吧。」

「嗯……這麼說也沒錯啦。到底是為什麼呢？」

「那就是我想問的，請您仔細想想看。」

「真要說的話應該是……他們不論多小的訂單，都能在當天立刻給我們回應。好像是因為這樣吧。」

我馬上就向那家供貨商社長提出建議。

「貴公司『臨機應變、快速回應』的專業密技獲得相當高的評價。這不正是無人可以仿效的自家固有專業密技嗎？只要繼續加強這塊領域，必定可以成為獨門企業。」

像這樣，無論什麼公司，只要認真探索就會發現顧客心中認為**「非這家公司不可」**的那塊領域。不論是多麼微小的密技，只要找出來加以強化，就是從「地」的角度去訂定的經營計畫。

下一頁，就以圖像化的**「找尋生存領域的方法」**來進行說明吧。「自家企業固有的專業密技＝Identity（特性）」、「自家企業扮演的角色＝Social Role（社會角色）」和「自家企業所處的時代環境＝Trend（趨勢）」這三個圓重疊的部分就是**生存領域**（Vivid Zone）。

四曰將……。將者，智、信、仁、勇、嚴也。

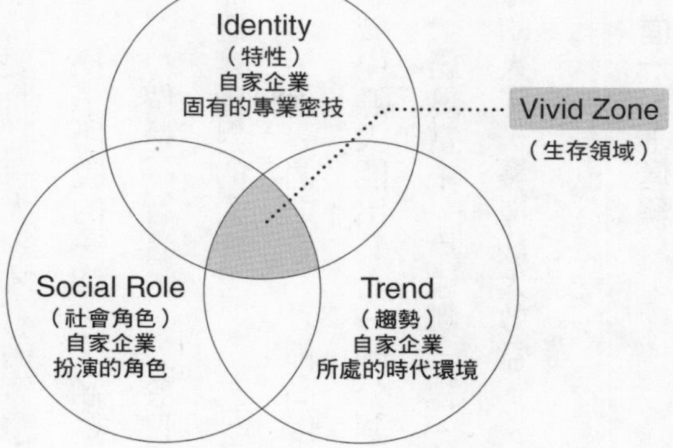

Image Plan(IP) 法　找尋生存領域的方法

「將」代表「必須具備的能力」。

孫子認為：「身為將軍，必須具備『智、信、仁、勇、嚴』五種能力。」相對於「君王」的「將軍」，代表著現場的部隊長。以公司來說，大概相當於經理的等級，但在這裡我們當做是針對社長所應有的資質。擁有達成經營計畫之目標所必備的能力，就是重點之一。

孟子說：「天時不如地利，地利不如人和。」意思是「要贏得勝利，比起時運和地利來說，人和才是最重要的」。所謂的「人和」，就公司而言，就是集結自社長以下全體員工的能力。

孫子提出必須具備的「智、信、仁、勇、嚴」到底是什麼呢？讓我們從經營的觀點來解讀吧。

「智」——智慧

請各位想想看，人類為什麼可以將獅子或大象等動物，變成動物園裡的展示呢？並非以體力、武力取勝，而是因為有智慧，就連猛獸都能手到擒來。

要將唯有人類才有的智慧發揮在日常工作中，這是身為社長必須擔負的角色之一。

孫子所說的「智」，涵蓋了兩種意思。

一個是「智者」。對於日常生活中頻繁出現的各種大小問題，可以圓融有彈性，而且能確實應對的人。

另外一個則是「具備高度智慧者」。在專業領域中具有傑出的能力，可以發揮出「該領域中無人能出其右」的公認實力者。

組織當中，不論哪一種「智」者都是必備人才。身為社長，最需要的就是活用後者這樣的人才，發揮最大效益。

「信」——信賴

論語中有句話說：「民無信不立。」身為社長，如果不受員工信賴，公司將無以為繼。

社長一旦失去了「信賴」，打個比方，像是公司發生了火災，員工想必都不會把社長看在眼裡，只知道爭先恐後逃命要緊。因為社長平時就是一副遇上問題便溜之大吉的模樣，員工自然也不會想要伸出援手。

總之，沒有了「信」，遇上重大事件時，就無法建立互助合作的關係。這樣的狀況下，公司一旦有個風吹草動，就會陷入員工紛紛求去的窘態。

「仁」——感情

要取得「信賴」的關鍵，就是打從心底深處，對包含員工在內的他人有著深厚的感情。這份愛，就是孫子所說的「仁」。

有誰會背叛或拋棄對自己有著深厚感情的人呢？因為存有這份情感，才能博得信賴。

「勇」——勇氣

一聽到「勇氣」，或許會聯想到「果敢勇猛」、「勇往直前」這類的話。然而孫子所說的「勇」並非如此，而是「不迷失自我、經常保持冷靜沉著」的狀態。

說得更明白一點，像是有些足球選手即使處於極端不利的局勢下，還是會想盡辦法奪得分數吧？這些就是「勇」者。身為社長，不論公司處於何等逆境，或是在交易談判上感覺到一股濃厚的觸礁意味，都不可慌張茫然、不知所措，必須要找出解套的對策。不具備這種力量是不行的。

「嚴」——嚴格

受世人評價為「嚴格」的人之中，「嚴以待人、寬以律己」的人還真不少。這並不是孫子所說的「嚴」。首先最重要的是對自己嚴格。社長身為專業經營者，對於自己能力提升的要求必須比他人加倍嚴格。

嚴以律己的要求，也會投射在對待員工的態度上。換句話說，對於員工，同樣會要求他們努力提升專業能力，以專業人士為目標。

說起來，組織原本就應該是一個無需嚴加管理的專業集團。以專業人士為例，有些人並不隸屬於任何組織，只憑著自己發揮個人專業能力去工作。他們處於「只要怠惰、不遵守約定或時間、展現不出成果，就再也接不到工作，會沒飯吃」的狀況下，會嚴格約束自己並磨練實力。員工也一樣，必須成為這樣的專業人士。

但現實中又是如何呢？沉浸在「管理、被管理」的關係中，在工作上完全把持不住自己的員工何其多？即便如此還是可以混口飯吃，使得這些上班族很容易迷失自我，變得沒有骨氣。

是時候脫離這種「管理、被管理」的狀態了。社長必須引導這些陷於「員工」框架、以蠻不在乎的態度做著工作的員工集團，轉變成為嚴格要求自我並得以自立的專業團隊。

五曰法……。法者，曲制、官道、主用也。

「法」，就是「法律、規則」。孫子說，確實運用「法」，並且讓大家遵守是很重要的。各位社長們可以用**「組織存在的意義」**來解讀。

各位覺得，公司為什麼會成為一個組織呢？因為光憑一個人的力量或許辦不到，可是只要集合眾多具有各方面能力的員工通力合作，就能達成大規模的工作，創造高價值並使成果具體，進而提供給社會。

不過，光只有員工人數眾多是不行的。首先，每一個員工都該在各自專業的領域中發揮高度的能力。其次必須協調整合彼此的工作，在整體上展現出社長心目中理想的價值。

以我過去年輕時曾經投入的電影製作為例。在現場，導演為了要創造出「超越劇本本身的價值」，會向攝影、音效、燈光、大小道具等專業工作人員傳達自己的想法。如果只是依照劇本來呈現畫面，會因為「這樣做，不就只是按著劇本而已嗎」被打回票。

當然，劇本也是經過一再推敲修改才完成的傑作，可是導演如果不說明該如何呈現每一個場景，最終結果將是一部「依照劇本演繹，卻不協調的庸俗作品」。因此，導演要確實傳達意念景象，讓各領域的工作人員在工作上有高度表現，並提升整部作品的價值。

比方說，導演表示：「主角倏地離去的這個場景，我想要表現出她黯然傷懷的感覺。她其實是不想離去的，所以遺留下那樣的心情而離開。觀眾看著離去的她，感到憐憫的同時，又為了往後不知將如何變化而揪心。我希望畫面可以表現出這樣的韻味。」於是工作人員就會從各自的立場去下功夫。

當燈光師說：「來營造一個美麗的黃昏吧。」攝影師便表示：「那就從這個角度拍攝，讓天空看起來寬闊，黃昏景象便會更突出。」接著道具師就說：「為了拍出她黯然傷懷的感覺，如果在另外一頭讓火車從旁邊開過去，你們覺得如何？」音效師也說：「讓那種有鄉愁味道的祭典樂聲從遠處傳來，然後中途轉為小提琴音色演奏悲傷哀痛的音樂吧。」

就像那樣，不同領域的工作人員各自發揮技能，為整體打造出更精緻的畫面。當然，其中還包括導演琢磨融合這些想法和點子。

經營也必須如此才行。經營計畫就相當於電影劇本，如果只是平淡提出「本期並未達成目標」，根本毫無作用。目標理當要達成，創造出凌駕其上的價值，正是專業人士要做的工作。

關鍵在**「個人與整體」**。

社長在描繪整體藍圖的同時，要觀察員工的個別能力，讓他們知道在整體中如何發揮。如此一來，原本一個個眼中只看得到自己的員工，就會朝向整體目標去發展。有了整體的一致，才能讓互相矛盾的「個人與整體」融合協調，創造出超越經營計畫的價值。

以上這五個觀點，想必只要是社長都聽說過。只是，真正有所領悟並實際去執行的人非常少。如同孫子在最後說的：

凡此五者，將莫不聞，知之者勝，不知之者不勝。

只是「聽說過」，根本毫無意義，有沒有去執行才是勝敗關鍵。自己實際去執行，也就是「身體力行」才是經營的命脈。

思考公司整體運作的方向並付諸實行時，請務必活用這**五件事——「道、天、地、將、法」**。這部分可說是孫子的精要之處，非常重要。

應用「道、天、地、將、法」

孫子所說的「五事」，除了經營計畫之外，也可以應用在事業計畫或商品計畫上。各位可以依照下列說明去掌握「道、天、地、將、法」，研擬計畫。

〔事業計畫〕

「道」——自身所擁有他人沒有的價值是什麼？

「天」——如何因應社會需求？

「地」——如何取得市場定位？

「將」——必須發揮的能力是什麼？

「法」——以什麼樣的組織去執行最佳？

〔商品計畫〕

「道」——如何訂定商品概念？

「天」——如何因應趨勢潮流？
「地」——公司既有商品如何取得市場定位？
「將」——要讓具備何種能力的人成為領導者？
「法」——商品具備優勢的條件是什麼？

訂定事業計畫、商品計畫時，以上列做為檢視表，將使工作「萬無一失」。如何去計畫經營、事業、商品，可說是連繫著公司命脈。請善用「道、天、地、將、法」，打一場完美的勝仗。

4 徹底比較與眼前競爭者之間的能力差距

以五項觀點訂定了強化自我與公司的戰略後，接下來該進行的是「七計」。也就是由七個角度徹底分析比較，就眼前的狀況來說，自己與競爭者之間的能力差距。

或許有人認為有了「五事」不就已經足夠了嗎？五事主要的重心在於強化自己的組織。僅只如此的話，結果將流於自以為是。對於自家公司的強化，至少也要做到能夠針對社會、或是競爭對手去發揮力量。

有了這「七計」，才能夠有所施展。孫子說：

故校之以計，而索其情。

他指出，要基於資訊的蒐集、分析去進行「七計」。

以下將具體描述「七計」。如果只有「五事」的話，因為沒有設定「假想敵國」，對於自己是否真正強大這點感覺還很模糊。若加上「七計」來比較雙方能力，便能研擬更具體的戰略。

當然，對手的狀況會隨著時間、情勢的演變而有所不同，自家公司的能力也不是一成不變。所以時時觀察現狀，不要疏於蒐集資訊，適時調整計畫是很重要的。

「七計」還可以有另一種解讀。「校」這個字表現出「在木頭的旁邊盤起雙腿」的模樣，也隱含了「原本因為腿短而無法盤腿的孩子，長大後終於可以盤起腿來」的意思。

這就與日本童謠的歌詞：「柱子上的刻痕是前年的……」有著同樣的意義。就像看著柱子上記錄身高的刻痕一樣，要記得常與過去的自己在能力上做一番比較，才能有所成長。

社長要年年比較自己還有公司的「身高」，彌補自己的弱點、壯大自己的強項，讓能力有所增長。以下的「七計」，請各位以這樣的觀點去考量。

一、「主孰有道」——哪一方的經營者人品居上？

如同「企業即人」這句話，公司必須是一個專業的團隊。社長如果不是一位品格高尚的人，就無法召集優秀的專業人士。「我才不想在那種社長的手下做事，」愈是有實力的專家愈想逃離。

社長必須具備高尚的品格、擁有魅力，才足以吸引專業人士。為此，個人**對於商業經營有著穩健的思想或一套哲學**就顯得相當重要。能夠打動專業人士的不是金錢，而是經營者的思想和哲學能使他們有同感，產生共鳴。

該如何磨練品格？唯有**「積德」**。過去，身為晚輩的我曾經向松下幸之助先生求教：「經營者的條件是什麼？」

他這麼回答的：「運勢要強，所以要積德。」

也就是說，德行的累積會和運勢相連。一提起運勢，各位或許會想到「無意中降臨的好運」，這絕非「偶然」。

以現代的說法是，要看個人是否具有構想未來、解決問題，以及實現它們的能力。明確展現出「符合眾人期待創設這樣的公司，想經營這種事業」的構想，依照自己所說的去執行、一有問題發生即刻解決。具備這些綜合能力，就是社長「有德望」。

二、**「將孰有能」——哪一方的幹部能力居上？**

假使公司幹部是對社長唯命是從的應聲蟲，又或者反過來是輕忽社長意見、凡事自作主張的人，將會如何？公司不可能強大。幾乎可以說，只要看看幹部，公司的優劣便一目瞭然。

一家強大的公司裡，**必然有忠實輔佐社長，又能不避諱指摘錯誤的幹部**。

傳達了組織論、領袖論真髓的《貞觀政要》，指出了**「設置四個親信」**的重要。因為齊備了東西南北各方面強大能力，且能夠基於公正的判斷提供社長建言的親信，由四面八方支援社長，就能建構使公司繁盛昌隆的體制。

所謂四個親信，以公司組織來說就相當於擔任產品開發、製造、銷售、財務等部門的幹部。在這部分要是不如對手的話，就必須另請高明了。

三、**「天地孰得」——哪一方的氣勢居上？**

社長與公司愈有氣勢，事業發展就愈順利。所謂氣勢，就是**把握良機、一舉突破目標的力量**。

這就是孫子所說的「天」，另外還需要「地」。「地」代表著**統籌整頓的能力**。

例如進軍某市場之後，即使氣勢大好，戰勝了對手並突破障礙成為首屈一指的企業，還會有後續發展。若不好好經營事業、鞏固地位，好不容易建造的堡壘將隨即崩塌瓦解。為避免這樣的情況，需要的就是統籌整頓的能力。

四、「法令孰行」——哪一方的組織力與團結力居上？

公司之中有組織架構，還有應該遵守的職務規定與法規。這些相關規定要運用，才會具備應有的功能。否則，就是一群烏合之眾。

應該要重視的是**組織力與團結力**。由內部是否達到上下一心，就能了解一家公司的強弱。

五、「兵眾孰強」——哪一方的中階主管膽識居上？

中階主管所必備的資質，不外乎**「不逃避、不放棄、不氣餒」**的強韌度。簡單一句話，就是**「有膽識」**。一旦磨練出這樣的精神，即可具備充分的氣度膽量，在關鍵時刻擁有面對勝負挑戰的韌性。

以棒球比賽為例，就是「落後三分進入九局下半，兩人出局而滿壘的情況。只要擊出關鍵性的一球，就是再見全壘打」。在這樣的局面下，即使遭受兩好球的壓迫，依然能夠撐過一顆顆壞球，直到真的擊出全壘打，就是這種面對勝負挑戰的韌性。

公司裡是否有這樣的中階主管，將使業績表現格外不同。

六、「士卒孰練」——哪一方的員工熟練度居上？

不論是棒球、足球還是哪一項運動，專業的運動選手每天都會進行嚴格訓練。因為這樣的累積可以提升個人能力，也是壯大團隊的唯一方法。如果說那些優勝隊伍在訓練方面的嚴格、分量與專注程度遠超過其他隊伍，相信一點也不為過。

公司也一樣。**員工有多認真在累積嚴格的訓練、提升熟練度**，是壯大公司過程中非常重要的因素。

公司訓練員工時，如果只是「索然乏味的避災訓練」之類的程度，不論社長是多麼優秀傑出的人物，很遺憾，這家公司注定將是積弱不振。

七、「賞罰孰明」——哪一方的查核能力居上？

引進成果主義的公司愈來愈多，姑且不論好壞，但一說到是否確實查核成果，就會讓人有那麼一點心虛不安。

最大的錯誤在「以職位回報成果表現」。應該要先以報酬做回饋才對。

也就是說，「你的業績成長相當多，給你加薪、多幾天年假、提高津貼補助吧」是OK的，但是「你已經成為王牌業務員了，下次的人事調動給你升個官吧」就不對了。

為什麼？那是因為業績表現好的人雖然懂得銷售，但那完全是一種個人競賽，很多時候他們並不具備居於上位，**動用人才的管理能力**。

那麼，升官、升遷該怎麼決定？一句話，就是人望。層級愈是往上，愈需要具備以品德帶領下屬的管理能力。

我這麼一說，似乎也有人會問：「可是，那種業績比自己還好的下屬很難帶，而且下屬不是也會瞧不起上司嗎？」或是「我不知道該怎麼用一個比自己年長、業績表現又在我之上的下屬。」

「你在說什麼？你覺得公司為什麼會讓你坐在這個位置上？和營業額或資歷一點關係

也沒有，是因為你有管理的能力。請拿出自信來。」

這就是我的回答。

如果讓業績好的人佔上位，這家公司會有一個大弱點。現實中，當年因為泡沫經濟在業績上突飛猛進而出人頭地的大有人在，可是那些公司後來隨著泡沫經濟崩壞，一家家消聲匿跡。這是因為他們做不到，跨越難關時必須妥善運用下屬的緣故。

居上位者必須具備的，不外乎就是**激發個人意志、促成團隊合作、提高整體表現與得分的管理能力**。

此外，關於懲罰，也必須要確實執行。業績沒有進展、工作上偷斤減兩的話就減薪，徇私舞弊就降職或解雇，像這樣嚴格考核很重要。但對於「很努力卻得不到成果」的員工，不應給予懲罰，而是要在業績考核中將「努力程度」納入考量，給他一線生機。

以上就是「七計」。請各位一邊與競爭對手做比較，徹底並正確分析自家公司的能力，在補弱增強上發揮效用以居於相對優勢的地位。對於以企業經營者為首的領導者而言，「五事七計」將是強而有力的經營利器。

5 要強大！

「絕對致勝」的戰略中，在「五事七計」之後的第三根梁柱就是「**詭道**」。「詭道」的「詭」是「欺騙」的意思。因為實際展開競爭時，會「為了不讓對手洞悉我方行動，設下圈套欺瞞過關」。

兵者，詭道也。

由於戰爭是面臨生死存亡、殺人或被殺的緊要關頭，孫子認為「狡詐欺敵也是重要的戰略」。

只是目前沉溺在太平景象下的日本，對於這樣的解讀恐怕相當難以接受吧。日本人承襲自武士道的精神，認為「即使以欺瞞的手段都要求勝，根本是卑鄙下流、膽怯無恥，無法容許這種不擇手段的方式」的人也很多。

我也一樣。我認為，如果是以鼓勵欺騙的解讀方式，無法將《孫子兵法》這樣的經典古籍牽強附會拿到現代來說明。

因此，希望各位將此部分當成「殷鑑」來解讀。

今後的時代，隨著商業國際的日益進展，與各國多樣化的企業競爭或合作共創新事業的機會也將會增加。其中有「不擇手段求取勝利」的企業，也有「握手言和的同時，刺探我方弱點再發動攻擊」的企業。因此，我們必須能夠明辨，預防遭受欺瞞。

以下，孫子提出的「欺騙技巧」，同時也是「不受欺瞞的注意事項」。只要可以銘記在心，便能使個人與公司具備「無論敵對方如何耍弄奸詐伎倆，也不會輕易受騙的強健體質」。

那麼，究竟有哪些「欺騙的技巧」？孫子列出了十四項。

故能而示之不能，用而示之不用，近而示之遠，遠而示之近。利而誘之，亂而取之，實而備之，強而避之，怒而撓之，卑而驕之，佚而勞之，親而離

之，攻其無備，出其不意。此兵家之勝，不可先傳也。

改用現代的觀點來說明，就如同下面這樣吧。

「明明有能力，卻故意裝傻也說不定。」

「擁有最尖端新穎的設備，卻故意只公開舊設備，打算讓人掉以輕心也說不定。」

「對市場很熟悉，卻裝成門外漢的樣子也說不定。」

「明明對市場一無所知，卻一副好像從中累積了多少專業技能似的也說不定。」

「讓對方以為有利可圖而賣了個大恩情，結果是自己打算佔上風也說不定。」

「放風聲說些有的沒有的，試圖搗亂我方內部情勢也說不定。」

「實力堅強卻擺出疲弱不堪的樣子也說不定。」

「故意做些讓我方憤怒到失去理智的事情，試圖依照自己的想法去左右協調交涉的結果也說不定。」

「以謙卑的姿態讓我方疏於防範，打算趁機設下陷阱也說不定。」

「一再改變論點，想要使我方筋疲力盡也說不定。」

「向我方關係良好的合作夥伴傳達不實的負面消息，企圖挑撥破壞我方的信用也說不定。」

「看準我方防備不足的部分而發動攻擊也說不定。」

「嘴上說著暫時不會進軍市場，沒多久就突然聲勢浩大地推出新產品、新服務也說不定。」

各位或許也曾經有過像這樣被欺騙、落入陷阱的經驗吧。其中，也有些狀況是對方原本沒有打算要欺騙，所以要完全看穿並不是那麼簡單。

不過，別擔心。這裡的「五事七計」可以派上用場。用「五事」來鎖定目標，提升個人與自己公司的能力，再以「七計」徹底分析比對雙方的能力差距，彌補弱點、壯大強項。經由這樣的過程，就能「清楚認識」敵我雙方。

這也就是賦予自己「看清他人」、「看透公司」的能力。不受他人或其他公司表面的手段而困惑，也就不會遭受「詭道」欺瞞。

有了基本的「五事」，歷經「七計」，再回到「五事」。展開競爭的同時，看透「詭道」，再回歸「五事」。因應狀況的不同，反覆運用「五事七計＋詭道對策」，就能鞏固絕對致勝的能力與戰略。

第二 作戰篇

「不打長期戰」

6 擁有多個收益來源

戰爭中必有遠征。視情況而定，有些甚至要出兵到非常遙遠的地方作戰。如今的企業也一樣。幾乎可說是已進入缺少全球化戰略就談不成生意的時代。

孫子透過〈作戰篇〉，主要是要強調「遠征耗費錢財」，以及說明財政戰略的重要。如果「千金耗盡卻敗戰而歸」可就不像話了。就算打了勝仗，但國家財政不斷受戰爭經費的膨脹所逼迫，根本得不償失。最重要是能夠不花錢、在短期之內結束戰爭。

一開頭，孫子就先提起戰爭是耗費金錢的事，「戰爭在於財政」。

凡用兵之法，馳車千駟，革車千乘，帶甲十萬，千里饋糧，則內外之費，賓客之用，膠漆之材，車甲之奉，日費千金，然後十萬之師舉矣。

在這裡，孫子提到運送部隊的戰車數量成千、士兵人數十萬等，各位或許會覺得是在瞎扯。不是的，這是正確數字。

以當時的中國軍隊來說，一台戰車上有三名甲士（穿戴甲冑全副武裝的士兵）、七十二名步兵，共計七十五人。這樣的戰車有一千輛的話，就是七萬五千人。其他再加上運送各種軍需用品的輜重車上有炊子（炊事兵）十名、固守衣裝（負責管理武器、防具、服裝）、厩養（負責養馬）、樵汲（負責砍柴打水）士兵各五名，共計二十五人。這樣的輜重車有一千輛的話，就有二萬五千人。兩者相加共計十萬人。

一旦出動這十萬名士兵，從外國使節的招待費用、添購膠漆等維修所需的材料、供給戰車甲冑的開銷等，就要先打好算盤，「每天非得投入千金以上的龐大經費」。千金大約相當於黃金二百五十公斤，是很大的花費。

為了多少能夠壓低遠征的費用，孫子提出這樣的方案：

善用兵者，役不再籍，糧不三載，取用于國，因糧于敵，故軍食可足也。

所謂：「善遣將調兵者，戰爭一次就會打完，不用再徵召人民當兵。糧食與必需材料裝備就在當地調度。」就企業的海外事業來解讀是**「採用當地人才，設置獨立的採購與販售部門」**。

雇用當地人士可以節省人事開銷，採購和販售與其透過總公司，不如建立當地處理裁決的制度會更加有效率，也更划算。可以說，海外事業戰略選擇在當地設立獨立的公司、採用獨立核算制度是不變的法則。

由這兩段話中，我們應該學習到的是**「縝密規劃各項經費支出，詳加計算」**的重要。那種「大概是這麼多吧」的算法，資金很可能在關鍵時刻就見底了。

「精打細算」可說是身為社長應該具備的重要資質吧。進一步來說，也可以解釋為「時常備有充足的資金」。究竟該怎麼做才好？就是**「擁有多個收益來源」**。

以我個人為例，這件事是二十年前曾經在我公司工作的一位女職員，她的丈夫，也就是一個美國人教我的。這對夫妻創設了企管顧問公司並經營得很成功，來日本玩的時候，我們一邊用餐，一邊愉快聊天，最後他問了我這樣的問題：

「田口先生，你的生活資金是透過什麼樣的財務策略取得的呢？」

我有點慌了。因為那種事我從來沒想過。於是我反問他：「你是怎麼做的呢？」以代替我的回答。接下來的對話如下。

「尤其是身為社長的人，沒有好幾個收益來源是不行的。」

「咦？不過我是靠工作賺來的錢在生活。」

「那樣的做法豈不是在『吃老本』嗎？全都吃光了，什麼也不剩唷。」

「是那樣沒錯啦，不然要怎麼辦？」

「植物的種根不繼續繁殖就沒有意義了。比方說，用主業獲得的收益，也許再借點錢去買土地。土地會變成財產留下來，萬一需要的時候還可以用來貸款對吧？而且要是蓋了停車場或公寓的話，還可以收租。現在還有一些可以全權負責管理的公司，完全不費工夫。這些收入就是主業的備用資金。主業的種根就原封不動擺著，靠著不動產、股票或是匯兌之類的，總之就是投資些什麼，用那些收益來生活。這是我的想法。」

「原來如此，只要當房東就對啦。」

「嗯，有點不太一樣。想要靠著當房東去掙口飯吃的想法是不行的。人生還是必須以主業為軸心。所以為了可以專心投入主業，在資金方面要有所準備，免除顧慮。」

真是一套令我開了眼界的想法。他提出：「首先要有三項收益來源。」他自己也是以這樣的基準為起點，我見到他的當時，他好像已經有二十幾項收益來源了。

在企業經營上，再怎麼說還是主業第一，不可以偏往副業。也因為這樣，針對主業必須擁有多個收益來源，活用於主業上才是最重要的。

至於收益來源，可以如同下列這些內容：

一、來自於產品、服務販售的業績

二、來自於智慧財產權的業績

三、來自於產品維護的業績

四、來自於產品、服務販售指導費用的業績

五、來自於匯兌差額的業績

7 新事業，起頭最重要，要全力以赴！

公司要創設新事業、推出新產品或新服務大舉進攻既有市場等，要以某些新事物來一決勝負時，若事前準備有些不完美也無妨。因為要是耗上太多時間導致對手察覺到我方動向，很可能會被奪得先機。進攻要一氣呵成才是上策。

說明這種狀況的，就是孫子的這句名言：

故兵聞拙速。

在日本，不知為什麼總是以「準備不充分就開始」這種負面的意義來解釋。但孫子不會說出那樣的蠢話，他的意思是：「戰爭一旦開始，就要**投入所有戰力全力以赴，無論如何先贏得首戰勝利，奪得主導權。**」只要握有主導權，之後總有辦法。反之，要是讓敵方取得了主導權會怎麼樣呢？就是等著面對慘痛的結果了。

在這一段之前，提到了「戰爭時間一拉長，會打敗仗」。

其用戰也，勝久則鈍兵挫銳，攻城則力屈，久暴師則國用不足。夫鈍兵挫銳，屈力殫貨，則諸侯乘其弊而起，雖有智者，不能善其後矣。

「戰爭拖得愈久，士兵們愈是疲憊、士氣大傷，既攻不下敵方城池又消耗戰力。戰爭期間，費用支出更是不斷增加。一旦落入這樣的狀況，原本持中立態度的第三國將有機可乘，屆時就算再優秀的將領也束手無策。」

這些話也可以直接套用在企業經營上。

例如，推出新產品時，如果是我方不擅長的範疇，競爭上不可能處於有利的地位。再加上要打倒原本就在該領域稱霸的企業，更是難上加難。銷售業績不如預期，又不能說收就收，想要勤勉踏實地繼續努力下去，不過是浪費人力和財力。所以不要介入不擅長的領域，比較保險。

無論如何都想要推出新產品的話，就只能捨棄「勤勉踏實」的策略，一開始就必須投入我方最大限度的能力，以讓對方措手不及的速度進攻銷售。這麼一來就能掌控主導權，在之後的競爭中才比較可能站上有利的地位。

戰爭中，非得與戰力在我軍之上的敵國對陣時，採取一開戰的瞬間就投入所有戰力以掌控主導權的戰術，就是不二法門。在贏得優勢的瞬間，委託冷眼旁觀局勢的第三國來仲裁，儘快結束戰爭。

第三國必定是支持佔優勢的一方。他們會認為此時賣個面子給戰勝國，對自己往後的發展有好處。所謂的戰爭，在戰勝的時候收場才能成為戰勝國，因此，一般公認也是以開始進行終戰工作來定義一場戰爭。

商場上也一樣，只要擅於掌控主導權，就有如探囊取物。在競爭的局面還沒拖得太久轉為劣勢之前，先接觸周邊各企業以拓展通路，主動提出促銷販售的合作企畫就行了。

8 以勝利來增強戰力

雖說是戰爭，但任意發洩怒氣宰殺敵軍士兵並非好事。這些敵軍士兵，將是我方戰勝後可以納入編制的寶貴戰力。

故殺敵者，怒也；取敵之利者，貨也。

孫子基於這樣的見解，認為「不是只要戰勝了就好，還必須考慮增強我軍戰力的問題」。

像是「若能奪取十台以上的戰車，就犒賞最先搶得的士兵，將戰車全數賞賜給他」。如此一來，其他士兵就會想：「竟然可以得到那麼多賞賜。如果有犒賞的話，我也要加把勁了。」

只要像這樣接連將敵方的戰車據為己有的話，就不需由本國再運送戰車了。沒有什麼比這個更節省經費的吧？

至於商務上，給予與對手公司競爭中**獲得最佳業績的員工，最高級的獎賞與報酬**就行。其他員工也會盡其所能努力，提升公司整體的業績。

此外，孫子還說：「奪取敵方的戰車之後，要改插我方的旗幟，將敵軍士兵同樣為我方所用。而且要給予敵軍士兵比之前更高的酬勞。」對敵軍士兵來說，如果可以獲取比之前更高的報酬，降伏成為我方一分子的複雜心境也就有了依歸。當這樣的訊息進一步傳入敵軍耳中時，也可打擊對方士氣。

這樣的想法，可以應用在商務中的各種情況。比方說，擊潰競爭對手進而收購對方公司時，原有的各項設備只要堪用，全都可以更換公司名稱後繼續使用，接收原有員工的情形，現在已經很普遍。又或者，有時會在公司互相競爭之下，挖角對方的傑出人才。

企業之間的競爭，同樣不能打完勝仗就算了。**贏得勝利之後，如何將對方的人才、器械設備或專業技術等，用來強化自己公司的戰力是很重要的。**再怎麼樣也不要讓戰敗的一方心懷怨恨，要設法讓對方感覺是因為得救而表示感謝。

第三 謀攻篇

不戰而勝

9 總之，要避免爭端

是故百戰百勝，非善之善也。

出現在〈謀攻篇〉第一段中的這句話，非常具有衝擊效果。因為大家都深信「要是能夠百戰百勝，應該沒什麼好再奢求的」。

為什麼孫子要否定「百戰百勝」？

原因在於，打完勝仗後會很辛苦。假設這場戰爭，是將敵國的建築物、都市原有的功能等所有一切都摧毀殆盡而取得勝利，在整座城市成了瓦礫堆後，要由誰負責重建？難道不是戰勝國嗎？

再來，以趕盡殺絕的態勢宰殺士兵、使人身負重傷，敵國人民將作何感想？定然對戰勝國恨之入骨，想著「總有一天要以牙還牙」。即使戰勝國攻佔了領地，未來將隨時處於恐怖攻擊的危險中，不知何時要再面臨戰爭。

就算打贏了，收拾善後卻很麻煩。因此「不要開戰更好」的想法就成了重要的概念。

企業之間的競爭也一樣，一旦使得對手破產、體無完膚，之後將後患無窮。不用說戰敗的一方可能心存怨恨，再度籌謀報復。又或者就算收購了對方公司納入自己旗下，對方原本的員工恐怕也會持續抱持反抗的心理吧。

要是相關企業也捲入其中，導致連鎖倒閉的話，怨恨我方公司的企業與員工人數將更為龐大、更淒慘。這就是「戰勝的次數愈多，樹敵愈多」的道理。

而且我方為了打勝仗，非得投入相當的費用與人力，如此將使得財政窘困。

所以，開戰而贏得勝利不可取，但是也不能輸。如果要問該怎麼辦才好，那就只剩下**「不戰而勝」**的方法了。

接下來，讓我們看看孫子具體的方法論。

10 刻意展現我方壓倒性的強大勢力

所謂的「不戰而勝」，用一句話來說明就是「讓對方失去鬥志，在對戰之前開口『投降』」。

孫子以戰術的高明程度依序列出四種模式，在這裡提出的，是社長們應該謹記在心的最高級戰術。

故上兵伐謀。

戰爭，並不是突發的行動。打算「與那個國家對戰」的想法經過醞釀策畫後，才會演變成「好，開戰吧」的局面。要是過程中「不，不要開戰比較好」的意見佔多數的話，就能防範戰爭於未然。

為此所需的是**以「資訊戰」致勝**。只要不斷放出「那家公司很厲害，很難搞定」的風聲就行。

當然，虛有其表的話，馬上就會被看穿，必須真正具備實力才行。展現出大家公認的「壓倒性強大勢力」，如此一來便會形成「那家公司固守的市場就別介入了，介入也沒用。另外開發一些其他公司疏於防備的市場吧」的氛圍。在進入戰爭之前，一一將對手排除在外。

要擁有壓倒性的強大勢力，需要的是實踐前面〈始計篇〉裡提到的**「五事七計＋詭道對策」**。這是很重要的部分，請務必多複習幾次。

第二高明的戰術是**「伐交」**。就戰爭上來說，是以**「外交致勝」**。在商場上，則意味著以談判交涉阻止對手介入。

至於談判交涉的武器，就是唯獨自家企業擁有的專業領域。必須讓計畫介入市場的其他公司感覺到「這應該無法仿效」，暗地裡促使對方打消念頭。

說是談判交涉，其實根本無需用言語說明。前面提到過的Tamasu公司，擁有「可針對個別選手特別訂製專用的球拍。這種全方位的技術很厲害，如果沒有他們，就無法成為世界冠軍」的實績，就阻擋了其他公司介入。連某家運動用品製造商社長也發牢騷說：

「我們都不知道已經計畫過幾次，想要進入桌球市場。可是那樣的實績，真是讓人愈看愈覺得應該打消念頭比較好。」

這裡的「伐謀」和「伐交」，可以說是不戰而勝的上策。

至於孫子所提出的第三項**「伐兵」**與第四項**「攻城」**是實際對戰，所以斷定為下策。尤其是「攻城」，除了「萬不得已」的情況外，不應該採用。那是「最後的手段」。

因為城池原本就是建造成不容易攻落的結構。大多位居高處，有著萬全的防備。試圖要攻佔的話，就必須準備裝甲車或攻城用的器械等大型裝備。籌備作業大約需要花上三個月。另外，由下方往高處發射砲彈或箭矢都達不到效用，必須堆出與城池大致相同高度的土山，這也需要三個月。共計耗時六個月。

一旦要耗費這麼多時間，將軍會因為等待過久開始焦躁，又或是陷於我方拖拖拉拉的期間內反遭敵方攻入的恐懼，因而在態勢還未齊備之前便命令士兵發動攻擊。如此一來，即使我方士兵傷亡耗損三分之一也無法攻下對方城池。

孫子藉著下面這段話，生動地描述了這項事實。

修櫓轒轀，具器械，三月而後成；距闉，又三月而後已。將不勝其忿，而蟻附之，殺士卒三分之一，而城不拔者，此攻之災也。

「城池」就是企業的主要事業核心，想要攻佔它極為困難。試圖挑戰已經在某個領域中生存而且強大的公司，根本就是愚蠢至極。

雖說戰爭中要攻落城池有針對「兵糧」與「水」的攻略。斷絕被包圍在城池內的士兵們的糧食與水源，不必發動攻擊也能戰勝。敵兵會因為飢餓而浮躁引起內鬨，到最後耐受不住而投降。

企業之間的競爭倒也不是不能仿效。例如策劃不再供給原料使對方生產停擺，與販售商聯手斷絕通路之類的方法。但是要說到一家起步較晚的公司是否有這樣的能力，恐怕是沒有的。所以，進攻對方的主要事業核心並非上上之策。

看到這裡，相信各位也明白，孫子是以「非戰、非攻、非久」為戰術的基本原則，也就是**「不對戰、不主動發動攻擊、不打持久戰」**。

請各位牢記下面這段話：

故善用兵者，屈人之兵而非戰也，拔人之城而非攻也，毀人之國而非久也，必以全爭于天下，故兵不頓，而利可全，此謀攻之法也。

11 重視「商品企畫力」多於技術

沒有技術就無法製作商品。因此社長們很容易偏向於「重視技術」。他們認為「只要具備技術，就能做出好商品」，勢必也會為了自己公司沒有的新技術，花大錢向外尋求購入。

不過這是極為錯誤的判斷。

首先要有商品企畫，接著才開發製作商品所需的技術，進而生產優良的商品。這樣的順序不能有錯。當然，技術很重要，只是在那之前，應當全力投注於加強商品企畫的能力。

沒有商品企畫力，在商場競爭上就無法處於有利的地位。因此，不論是推出新商品、成立新事業，最重要的是在即將進軍的市場中，確實掌握並判斷自己公司的商品企畫力與競爭對手相較之下的結果。

如何根據商品企畫力的差距來判斷該採用什麼樣的戰略？孫子是以雙方戰力的差距來

論述。

故用兵之法，十則圍之，五則攻之，倍則分之，敵則能戰之，少則能逃之，不若則能避之。故小敵之堅，大敵之擒也。

「如果我方強盛十倍則包圍敵軍，五倍則採用正面攻擊，兩倍兵力則分散敵軍，勢均力敵則展開殊死戰，兵力較少要善於擺脫敵軍，完全不如對方時要避免作戰。絲毫不具戰力卻又堅持挑起戰事，將徒然成為大軍的俘虜而已。」

總之，相較於競爭對手，我方如果連常態性推出優良商品的企畫能力都略遜一籌，絕對無法佔優勢。當商品明顯不如人時，就不要企圖用草率馬虎的東西去一決勝負，毅然決定「走為上策」也是一種戰略。

因為闖入已有大企業攻佔的市場，最後卻以退出作結，將變成是在幫對方開發客戶。

比方說，對手擁有十名客戶，而你在市場中努力打拼獲得了三名客戶。於是你覺得自己「其實相當不錯，撐了下來」，只是之後再怎麼繼續努力，三名客戶始終難以成長為四名。在這個時間點一旦決定「要撤退」，原本好不容易爭取到的三名客戶便全都拱手讓給了對方。應該沒有比這個更傻的狀況吧？

此外，即使有了商品企畫力，並在市場上成功打造出自家公司的大本營後，也千萬不可以大意。因為在商品企畫力滑落的瞬間，就有遭受被新入戰場的對手拉下寶座的危險。

導致這樣的結果，大多是如同前面提過，由於社長完全陷入「技術能力」的迷思中，認定「本公司具備製作優良商品的技術能力，要繼續不斷加強」，卻疏於琢磨最重要的商品企畫力。

失去優良商品，公司便無法成長。**請各位經營者不要忘記最該重視的商品企畫力。**

12 社長與工作現場要團結一致

社長與現場最高指揮者所說的內容如果不一致，員工會因為不知該聽誰的而感到困惑。組織的齒輪運轉不順暢，終將使得組織體質變弱。孫子是這麼說的：

夫將者，國之輔也，輔周則國必強，輔隙則國必弱。

「君主與負責輔佐的將軍之間若是有了隔閡，國家將變得衰弱。」

這裡所說的「周」是「充分周到」的意思，也就是「沒有疏漏」。將軍必須是一個謹慎不出紕漏的人。因此，這句話同樣也表示「請注重培育將軍這樣的人才」。

以公司來說，君主就是社長，將軍就是現場的指揮者。對於兩者之間的隔閡，社長必須多花心思的部分，孫子提出了下列三項：

一、「不知軍之不可以進，而謂之進；不知軍之不可以退，而謂之退。」

——例如，當現場最高指揮者下命令要「靜靜等待」時，社長卻指示大家「前進」；或是反過來，現場最高指揮者明明下令要「前進」，社長卻阻止大家「不，等一等」。社長這樣的行動稱為「縻軍」，只會約束工作現場的行動自由。所以這句話是建議社長「更加信賴現場最高指揮者，全權委由對方去判斷如何」。

二、「不知三軍之事，而同三軍之政，則軍士惑矣。」

——社長越過現場最高指揮者去發號施令，將使員工感到困惑。

三、「不知三軍之權，而同三軍之任，則軍士疑矣。」

——社長發表有損現場最高指揮者威信的言論，員工將輕蔑指揮者，變得難以管控。

不論哪一點，都是經營者很容易誤觸的部分。對於工作現場瞭若指掌的，畢竟還是現場最高指揮者，選擇一位值得信賴的人，將權限委任於他是十分重要的事。

13 這就是勝利的五項法則

做為〈謀攻篇〉的總整理，孫子確認「故知勝者有五」而提出五項勝利的重點。在這裡就以它們做為經營的不二法門，複習一下。

一、「知可以戰與不可以戰者勝」

非常清楚該市場是否可以介入的經營者得勝。

二、「識眾寡之用者勝」

能夠因應商品企畫力來運用戰略的經營者得勝。

三、「上下同欲者勝」

統合員工全體力量的經營者得勝。

四、「以虞待不虞者勝」

讓公司以萬全準備伺機等待對手公司疏於防備時機的經營者得勝。

五、「將能而君不御者勝」

以優秀的現場最高指揮者為得力助手，將權限委任於他的經營者得勝。

經營者必須時常以這五項標準檢視自己的行動，打造理想的組織團隊。以下總結本篇的名言：

知彼知己，百戰不殆；不知彼而知己，一勝一負；不知彼，不知己，每戰必殆。

請各位回想一下「五事七計」。藉由「五事」確實了解自己與公司的狀況並予以強化，進一步以「七計」明辨我方與敵方相較之下的優缺點，並立於相對優勢的地位。可以做到這些，便能不戰而勝。

只了解自己而不了解敵對方的話，勝敗是五五波；不了解自己也不了解敵對方，將總是處於危險關頭。關於這部分，希望各位心裡要有個底。

第四 軍形篇

周全的防禦態勢

14 不要癡人說夢

不管怎麼說，有關經營的想法要基於現實主義。孫子也說了：「可能實現的事全都要去執行。」

有關我軍的一切，想要策動就能執行，然而敵軍的部分則不可能左右。因此〈軍形篇〉的主題是**「達到絕對不敗的周全防禦態勢」**。我們無法預測和掌控敵方的動向去設想那些不著邊際的事來制定戰略，這樣既沒有意義也不會致勝，不過自家陣營則可以充分掌控。所以這裡是要「徹底思考如何為我方打造出不敗的軍隊」。

能代表這句話含義的，就是文章一開頭的這一段話：

昔之善戰者，先為不可勝，以待敵之可勝，不可勝在己，可勝在敵。

仔細想想，會發現到公司中有許多都是「只要我們出這招，對方就會不知所措而失誤」或是「在現今經濟環境下，對手不會推出新商品」之類，基於投機主義在紙上談兵似的戰略。

即使真的預測出對手的動向，結果也不一定會如同預期，但是自家公司的防禦工作卻可以做得完備周全。由於過程中會**「推估一切可能的狀況」**，不會成為以自我為中心的戰略。

孫子認為**「能為不可勝，不能使敵之必可勝」**，也就是「雖然可以達到絕對不敗的態勢，卻沒有可以明確保證絕對勝利的對策」，他的結論如下：

勝可知，而不可為。

「即使勝利可以預見，卻無法強求實現」，所以要**「周全地鞏固防禦，打造絕對不敗的我方軍力」**。

進一步來說，周全的防禦態勢將在不知不覺中轉化為強大的攻擊力。越戰是大國（美國）與小國（北越）之戰，但是北越卻打贏了。據說他們勝利的重大因素中，有一項就是戰爭物資的補給之路「胡志明小道」（Ho Chi Minh Trail）。物資補給是生命線，也正是最重要的守備，因此北越在叢林之下布滿了大大小小的補給路線。這樣的道路，成為軍隊屢次遭受打擊，卻仍舊得以存活的強大武器。

15 力求內部充實

為打造一家「絕對不敗的企業」，經營者該做些什麼？

總而言之，就是「力求內部充實」。這會與防禦上的鞏固完備有關。

讓我們先來思考一下，就現代企業而言的內部充實究竟是什麼？

基本來說，是**強化收益結構與提升經營效率**。

所謂收益結構，就是賺錢的組織結構。即使已經建構出優良的收益結構，也不能就此安心。近來有許多例子，都是因為緊巴著過去風光時代的收益結構，反而導致結構逐漸弱質化。

例如在專業的相撲比賽中，一旦出現像照乃富士（譯註：蒙古裔大關力士）這種難以想像的力士時，傳統的相撲規則似乎就不適用了吧？同樣地，假設像日本家電製造商那樣，面臨以不同於日本企業的手法提升收益的中國企業而陷入苦戰，仍舊一如往常只是催促著員工「要賺錢、要賺錢」，將完全無濟於事。高層不打從根本改變收益結構的話，無法挽回頹勢。

此外，有關於經營效率，只要列出網路這一項就知道，時代一直在激烈的轉變中。相較於過去以手寫方式整理數萬名客戶資料的時代，現在以電腦處理不是只在彈指之間發生的事情嗎？

經營者**必須時常關注最尖端的技術，採用可以提升經營效率的方法，否則公司將難以維持**。

對於收益結構與經營效率都會隨時代改變要有所領悟，千萬不要以為「至今以這樣的方法一直營運得很順利，眼前也沒有什麼不妥，以後按照這樣就行了」。順利的時候進行改變固然是麻煩，但也正因為如此，以此超越其他怕麻煩的公司正是意義所在。

「超孫子思考」充實企業

為使孫子的教誨更貼近現代以供大家思考，接下來談談有關內部充實的重點。說到由我來代替孫子……雖然感覺有些狂妄，不過希望能以目前不斷反覆拜讀孫子、並且累積數十年企業經營指導經驗所得的「超孫子思考」為各位解說。

〔人才的錄用〕

不管怎麼說，首先要進行的就是人才的錄用。只是說歸說，「是不是哪裡有傑出的人才？」像這樣對外去找也沒用。不實際用用看的話，根本不知道是否真有能力，這樣很沒效率。與其如此，不如將焦點放在如何活用公司現有的人才，認真思考看看才是上策。「集凡人之力，成就非凡」正是經營的精要之處。人才的開發、培育、活用是非常重要的課題，應考慮的事項有下列四點：

第一是**「充實技能量表」**（skills inventory）。

所謂的「技能量表」，就是為掌握每位員工的技能，研擬對策使公司得以藉此提升全體的技術能力。

相信現在應該沒有哪家公司還把重點放在「具商業文書撰寫能力」這類的事情上吧？如今這個時代，已經可以輕鬆簡單地透過電腦引用例文範本，大家都知道那樣的技能早就不需要。

這麼說來，如今需要的是什麼樣的技能？請經營高層認真討論後，讓員工習得這些最尖端且必備的技能。

第二是**「充實職涯規劃」**（career development）。以成為對公司最有用的人才為最佳考量，思考每位員工該累積什麼樣的資歷。

第三是**「充實職務職責體系」**。必須每三年進行一次檢視。如果一切照舊，將出現某些不適用於當今社會的部分，經營上完全無法更新。

如果社長是針對每一位員工直接下達工作指令的話，那是「目視飛航」模式，也就是只依照社長的想法在經營。請立刻切換為「儀器飛航」模式，讓員工依職務職責發揮相應的能力，自動執行社長的想法是更棒的營運方式。不能讓員工發揮能力的職務職責體系，絕對無法使公司鴻圖大展。

第四是「**充實基於企業識別規劃的人才配置**」。想要發展成為什麼樣的公司，根據社長的規劃設計去思考，例如：「這名員工有著大幅度成長，但還有尚未發掘的能力。讓他進入這個與之前截然不同、有點陳腐老舊的部門工作三年看看。說不定會掀起一陣新風潮。」像這樣的做法，得以達到適才適所。

請各位根據以上四項重點，制定人事戰略。

另外，在錄用新進人員時，我總是建議「雇用孝順的人」。在家庭這個社會的縮影中，潛移默化學習到敬重父母、祖父母或兄姊等年長者的人，在公司裡也會同樣敬重以社長為首的上司、前輩。這樣的人，已經具備了身為組織中一分子的基本態度。

其他，像是讓員工引薦一些身邊有趣的朋友，或是利用電腦配對篩選，尋找一些可以彌補公司能力不足之處的人才等，在錄用制度與內容上的充實都相當重要。

〔商品與服務〕

再怎麼說，如果沒有好商品，就無法發展成為好公司。前面也提到，商品企畫比什麼都重要。

如果只是由四、五名工作人員在那裡搖頭晃腦、沉吟思考之類的做法是行不通的。眼前早已進入全球化募集創意的時代了。

例如某玩具製造商，十年前左右就透過網路在全世界徵求製作機器人的新創意。同時該創意還必須滿足價格、成本、功能等幾項最基本的考量。結果，包括柏林工業大學與麻省理工學院等一流大學在內，竟然有一萬多件創意湧入。

根據這些點子將機器人商品化後，在全世界暢銷熱賣。展現出來的成果，若只有商品企畫部少數幾人恐怕是無法做到的吧。

只是，之後那家玩具製造商動用到這些提供創意的人，只限於當時，我個人覺得萬分可惜。我真正的意圖是在於針對全世界有志者去構築一個商品企畫的網路架構。我確信若將這些一流的頭腦當成自家員工一樣去活用，絕對可以建構出一個強大穩固的商品開發體制。

不必錄用對方為員工，只要談妥「今後若是有什麼好的企畫案，將按照實際採用的數量支付相對的報酬」這種形式的契約就行。藉此，商品企畫部的力量豈不是增強為數十、甚至數百倍嗎？

又或者，商品企畫小組不要只設置在總公司，在其他國內外各個據點安插當地大學教師或學生等優秀人才，發展為網路化組織的方法也可以。然後，舉辦全體會議。這種情況下，彼此只需要一次真正會面就行。接下來可以用虛擬的方式進行，相當有效率。如今這個年代，這樣的事情輕而易舉。

再來，無論是多麼傑出的創意構想，如果不能符合商品化與價格上的需求，就無法成為熱銷商品。所以「商品行銷」與商品企畫，兩者要相輔相成。

此時最重要的是「材料」。不論商品企畫多好、商品行銷多完備，根據使用什麼樣的材料去製作生產，商品價值完全不同。將「如何便宜購得好材料」這個念頭記在腦子裡，時常開發尋找新素材，相當重要。

至於向全球尋求與我方領域相關的研究機構攜手合作、擴充進貨與販售等相關物流系統之類的想法，希望各位也納入考慮。

〔財務與股份〕

隨著商業的全球化發展，公司的財務體質也必須改變。其中特別重要的是**「充實具彈**

性的匯兌策略」。

隨著市場行情波動，銷售額與經費也會有所變動，所以判斷「在何時、多少錢的時間點，以哪一種幣別來結算」是必要的。就我所知的公司之中，有些善於運用匯兌策略的，光是利用匯差就能輕鬆提高十億、二十億日圓的收益。

前面提到過以不動產投資等來增加收益來源，匯兌也可能成為收入的來源之一。建議各位務必在財務部門中安排善於操作匯兌的人才。

關於股份方面的資本策略很重要。哪家公司的什麼人是股東，將影響公司的信用度，所以要研擬策略，設法讓優良企業成為自己的股東。

目前在新創事業方面有所發展的企業經營者，早已採用這樣的資本策略。「為什麼這麼年輕的公司，那家公司會成為這裡的股東？」時常會出現令人吃驚的股東與他們有所關連。我們當然也要借助一下專業人士的力量比較好。

再者，基於對未來的構想而進行投資也是重點之一。假設有某個領域是計畫幾年後打算要進軍的，從現在開始就可以先持有發展該事業所需的海外研究單位的股份，到時候便能順利推展事業。最好的方式是，藉由納入對關係企業的投資計畫，讓未來的戰略逐步清晰。

〔顧客〕

據說，爭奪客戶的時代已經結束。以一句話來說明，如今已經是「提供顧客好康使他們成為粉絲，並組成一個小團體，再將這些活用於公司的商品企畫開發，對基本的營業銷售便有所貢獻」的時代。這是什麼意思？

假設某家服裝製造商挑選了三至五百名A等級的客戶組成一個團體，也就是一個「小社群」。這樣的團體就會形成一個小型的獨門市場。

接著，一邊調整內部成員的組成，大約每個月安排一次午餐或晚餐聚會讓大家自由交流閒談，同時可提供購買自家商品的優惠做為參加聚會謝禮。

另一方面，聽取大家對於購買的商品有何感想，並即時汲取「這部分可以這麼做的話更好」之類的意見。進一步，在意見反映後三天之內將商品修改製作出來，寄送模特兒示範穿著的相片給顧客。如果對方滿意的話，也能以半價購買等。諸如此類的做法，視情況而定。有時候甚至可以將提供創意者的姓名加註在商品上，推出販售。

這個年代，「誰買了什麼東西」的這種商品流通資訊很完備，連這類幾乎如同訂製的方式也能辦得到了。

這就是**「形成獨門市場與進一步強化顧客群」**的顧客新策略。顧客購買商品之後，單單一句「謝謝惠顧」就結束的關係，不得不說已經太過草率馬虎了。

如同7－ELEVEN的實際創辦人、同時也是科學式經營的先驅——鈴木敏文先生提出的「做生意不是在賭博」這種經營哲學的意涵，不放在店裡賣賣看就不知道賣不賣得出去的方式已經落伍了。販售之前先開發客戶，營造出一定可以賣得出去的局面後再販售，這樣的戰略絕對必要。

16 持續強化獨門路線

「守備堅強，敵軍則無法致勝。與其發動攻擊，不如防禦守備更能保留戰力，」孫子的這個想法，與經營角度上的觀點**「持續獨門路線」**是相通的。也就是說，形成獨門市場是重要的。

再者，孫子還表示：「善於守備的人，不只是鞏固防禦而已，還會在不被敵人察覺的情況下穩健地加強戰備力量，伺敵方呈現頹勢時發動攻擊。」如同下面這段：

善守者藏於九地之下，善攻者動於九天之上，故能自保而全勝也。

這裡所說的「進攻」，在經營上可以想成是**「進軍新事業領域」**的意思。持續不斷發展獨門路線、藉由充實內部組織鞏固防禦的同時，在不讓競爭對手察覺之下，穩健地為開創嶄新的獨門路線做準備，接著突然進軍任何人都沒料想到的領域。可以解讀成這樣的攻擊很重要。

舉個例子來說。某家企業是以家庭餐廳為出發點，並徹底充實內部組織。在取得豐厚的獲利下，涉足另一個嶄新的事業領域。

首先，他們開辦了自家農場，著手種植餐廳要使用的蔬菜。由於是配合廚師的菜色決定年生產量，幾乎不會有過剩的情形。即使有，也是可以在道路休息站之類的地方銷售一空的數量。

其次，創建了自家牧場，同時收購了提供優質豬肉與牛肉的公司，也入手肉品加工廠。於是餐廳就可以大量使用既便宜又優質的肉類。

再來，在魚類方面，收購築地的中盤商；至於調味料，則打通了一條由自家企業持有股份的公司提供餐廳專用的貨品。

像這樣，使餐廳達到「自給自足的狀態」之外，為確保擴增新店時的人才雇用，也投資了廚師仲介公司。如此一來，就能優先獲得人才介紹。另外，以廚師為首的餐廳相關人員，可以在納入旗下的餐飲專門學校進行教育。

除此之外，為順利擴張店面，連不動產和裝潢設計公司都包辦了。

這家公司，就是這樣一邊充實內部、一邊將自己所需的各項功能藉由擁有多家獨立企業去構築出自給自足的體制。換句話說，以餐廳為主軸，進軍農業、畜牧業、漁業、人力仲介業、不動產業等新業種，逐漸強化屬於自己的路線。

不用說，內部充實為此打下了根基。總之，**力求充實內部也可能發展為強化獨門路線的一股攻擊力量**。希望各位可將事例做為發展事業的參考。

17 開發新商品、新服務要力求完美

善用兵者，修道而保法，故能為勝敗之政。

「擅長作戰的人，非常清楚怎麼做可以致勝而怎麼做會失敗，」孫子據此提出了五項可供判斷的基準——「度」、「量」、「數」、「稱」、「勝」。西元前五世紀左右的孫子已主張戰爭是「科學」，應該盡可能以「數據」去檢討並制訂戰略。

地生度，度生量，量生數，數生稱，稱生勝。

他的意思是指「由戰場大小的度（以量尺檢測）去估算戰場的容量（以升斗測量），再由容量去估算必須動員的士兵人數，由人數去估算與敵方的戰力差距（秤出強弱輕重），最後判斷輸贏的態勢。由這五個階段去思考，可以確定勝算有多少」。

請各位務必重視孫子這套「經營即科學」的教導。
它可以成為開發新商品與新服務的一項標準尺度。

〔開發商品〕

・度──有辦法讓顧客表示「想要這樣的商品」嗎？
・量──顏色、形狀、大小等，各種款式是否齊全？
・數──販售與保固維修的體制是否健全？
・稱──具有高品質，相較於名牌產品也毫不遜色嗎？
・勝──是否能夠讓市場為之一變？

〔開發顧客服務〕

・度──有很多人期待這項服務嗎？
・量──選擇多樣化嗎？
・數──任何人、任何地方都能接受這樣的服務嗎？

・稱——擁有號稱「世界第一」的品質嗎？

・勝——有辦法做到讓人說出「這樣的服務前所未有」嗎？

如果可以開發出滿足上述條件的新商品、新服務，就無需再爭辯，等同於贏得勝利。

孫子以秤錘衡量輕重的說法比喻這種勝負的決定：「**故勝兵若以鎰稱銖，敗兵若以銖稱鎰。**」

「鎰」和「銖」是重量單位。一鎰是二十兩（三百二十公克），依時代不同，有時是二十四兩（三百八十四公克）。「銖」是二十四分之一兩，大約只有零點七公克。

也就是說：「既然已經有了勝算，勝者就像以沉重的鎰去秤量輕微的銖一樣，可以輕鬆致勝；而敗者在毫無勝算的情況下作戰，就像用重量輕的銖去秤鎰那樣，難以力敵。」

這裡與「七計」相同，強調「**以數據去掌握敵我雙方的實力做一番比較**」。

第五 兵勢篇

乘勢而起

18 由五種基本能力引導出所有戰術

好比相撲比賽中的對峙局面，大多數是先以身體正面撞擊。緊接著下一刻，各自採用正攻法或巧妙技法連番出招。力士們在數分鐘、有時甚至是數秒鐘的短暫交手過程中，藉由每一個瞬間觀察對手的狀況以判斷攻擊方法。

勝敗的關鍵，在於是否能夠展開豐富多樣的攻勢。或可說，能夠確實掌握基本技法，根據狀況研判出如何搭配組合、運用正面攻擊與巧妙技法連番出擊的力士，即能開闢通往橫綱之路。

企業經營也一樣。能否在社長精確的判斷下，**交叉運用正攻法與奇技並展開豐富多樣的應對**，就決定了成敗。孫子是這麼說的：

凡戰者，以正合，以奇勝。故善出奇者，無窮如天地，不竭如江海。終而複始，日月是也。死而更生，四時是也。

這種「如天地一般幻化無窮、出奇制勝，像大海江河的水流滔滔不絕」，或是「如日升月落、陰晴圓缺，萬物隨四季更迭、周而復始，無窮無盡」比擬大自然的表現方式，誠如孫子的個人風格。

在這裡應該要注目，雖說是變化無窮，但基本上只有兩項要點——正攻法與奇技。或許有人會認為「單單從兩項要點衍生出無窮的變化，實在太……」，關於這部分，孫子也解釋得很清楚。

聲不過五，五聲之變，不可勝聽也。
色不過五，五色之變，不可勝觀也。
味不過五，五味之變，不可勝嘗也。
戰勢不過奇正，奇正之變，不可勝窮也。

的確，構成音樂的要素只有「宮、商、角、徵、羽」五個音階（在西方有七個，但中國傳統是五個音階），可是只要用這些去組合變化就能譜出無數的樂曲。

色彩的構成要素是「藍、紅、白、黑、黃」這五個顏色，但只要組合變化就有無限的色調。味道的構成要素是「酸、辣、鹹、甜、苦」這五種，組合調配後的味道也是無限。

像這樣，雖然戰術只有正攻法與奇技兩種，但只要搭配組合即可「**如迴圈之無端，孰能窮之哉**」——像莫比烏斯環（Möbius strip）一樣無窮盡，有無數的變化。

這樣的說法也可以論及包含社長在內的商務人士的能力。我認為，重要且必備的能力有以下五種。

〈商務人士必備的五種基本能力〉

①認真聽
②認真看
③認真說
④認真寫
⑤認真想

儘管是極為一般的要求，但確實具備這五項基本能力的人卻出乎意料地少。請各位看看那些優秀傑出人士，在基本面上都很扎實。反過來說，不算優秀的人總是在這五項當中有所欠缺。

自己在工作上是否具備以這五項基本要素去發揮無數多樣化技能的能力，旁人又是給予什麼樣的評價，某種程度上是可以判斷的。

例如曾經受到這樣的稱讚——「你什麼事都知道，耳朵真靈」、「你的觀察太厲害了，眼光好銳利」、「你實在能言善道，講法非常有說服力」、「你的文章切中要點，清晰易懂」、「你可以思考得那麼深入，真令人感到驚訝」等，代表沒問題、你具備了基本能力。

相反地，如果人家對你說——「請好好地聽清楚」、「你有眼無珠嗎」、「那段話的結論到底是什麼」、「這根本不成文章」、「那樣的見識太淺薄了」等，就必須要反省了。

最重要的是好好琢磨這五項基本能力。這麼做，自然可以在工作上有豐富且多樣化的表現。

19 以感謝的人際關係造勢

在〈始計篇〉談到過有關「德行」的部分。「德」這個字，在奈良、平安時代的讀音是「ikioi」（譯註：與日文的「勢」字相同）。例如，天皇在國家遭逢災厄或疫情蔓延的時候會說：

「朕不德之所致也。」

這句話就包含了「只因為我不具威勢……」這樣的意思。與松下幸之助先生所提出的「積德才能招運」這句話一樣，都是在說明「造勢」這件事。

所謂的「德」，就是為他人貢獻出自己最好的部分。當你那麼做之後，受了恩德的人將心懷「謝意」。這麼一來，便與對方建立了感謝的人際關係。

人際關係中，會有利害關係、得失關係等多種型態，感謝的關係一般說起來最為崇高。為什麼呢？因為當你遭遇任何困難或生病等狀況時，必然是這些與你有著感謝關係的人會伸出援手，給你加油打氣。

因此，若是由現在開始施展德行，以每天一個對象去建立感謝的人際關係的話，將會如何呢？最簡單的計算就是一年三百六十五人、十年三千六百五十人，這個感謝的大圈圈將隨著歲月增長日益擴大。更進一步來說，將這樣的德行累積推展到一萬名員工共同努力試試看。十年之後，這家公司便可建立起三千六百五十萬人的感謝關係與人脈。

那些人都會是在你公司陷入困境時，抱持著「加油，如果有任何我們幫得上忙的地方，請隨時提出來」這種心情的夥伴。因為有這樣的啦啦隊，不論公司遭遇了什麼都不會倒閉。這就成為一種「氣勢」。

孫子是怎麼說的呢？

激水之疾，至於漂石者，勢也。鷙鳥之擊，至於毀折者，節也。故善戰者，其勢險，其節短。勢如擴弩，節如發機。

將氣勢比喻為「湍急的流水，可讓平時沉入河底的石頭彈跳濺起」、「平時悠然翱翔的鷙鳥大鷹等猛禽，一見到獵物便急速俯衝，以爪子瞬時擊碎對手的骨頭」，或者是「拉滿了弓，在力氣達到最大極限時，啪！地一聲放手射出」。

在這裡，孫子想說的是「要蓄積十二分的力量，在掌握關鍵時刻瞬間發揮氣勢」。如此一來，對敵方的破壞力將極為強大。

置換為前面提到的「德行」的話題，則可以解讀為**「一再不斷地累積德行，掌握『就是現在！』的關鍵時刻轉變局勢」**。

不管怎麼說，不具氣勢的公司誰也不會靠近。不是人家印象中「多虧和那家公司有往來，才有那些好康」之類的公司，誰也不會伸出援手，做什麼都不順利。

社長也一樣。不具氣勢的社長，換句話說，就是沒有累積德行的社長，員工和身邊的人都不會「想追隨」。因此蓄積不了轉變局勢的力量，只會走入頹勢。

德行將召喚時運，衍生氣勢。請確實對這件事有所認知。

20 以氣勢來激勵員工

「不論怎麼樣加油打氣，在員工身上絲毫看不見鬥志。」

「常說有那種『等候命令的員工』，沒有實際下達指令就不會有動作。更糟糕的是就算下了命令，也杵在那裡不動。」

我經常聽到這樣的抱怨。如果都是這樣的員工，社長應該會傷透腦筋吧。

不過，光是哀嘆「員工的幹勁不足，能力不夠」的話，無法勝任社長的職務。必須設法做到即使社長不說話，員工也能主動做事才行。

故善戰者，求之於勢，不責於人。

孫子說：「取得勝利來自於整體局勢，不可以仰賴士兵個人的勇氣或能力。」孫子那個年代的軍隊，有大半是由農民徵召而來，既不英勇、也不善戰。簡單來說，就是烏合之眾。

身為將軍，想必希望能夠帶領菁英部隊，但往往事與願違。在當今企業中，也大多有著類似狀況吧。希望率領「能力非凡者的團隊」的想法，說是虛無飄渺也不為過。

公司要是有氣勢，也就是處於無論是誰都確定可以妥善處理工作的狀況下，員工的眼神也會變得截然不同。膽小怯懦的風氣將會散去，不必等到社長或上司提出具體指示，就能果敢地一肩扛起工作，將自己具備的能力發揮到極致。

反過來想就可以充分理解。當我們在選擇想要任職的企業時，誰都不會想要選一家沒有氣勢的公司吧？潛意識裡覺得「在這家公司好像比較容易做事」而給予評價，這種時候的判斷標準就在於公司所展現的氣勢。

例如那種不斷推出熱銷商品、氣勢十足的公司，比起無論推出什麼都沒有太大迴響、業績低迷的公司來說，在氣勢上就高出好幾倍。因此，求職者會想：「如果是這家公司的話，自己似乎也可以創下好業績。看起來應該可以靠成交額多賺很多錢。」當然會充滿幹勁。這就是由氣勢營造出來的景況。

此外，孫子也提到有關營造氣勢的部分。

任勢者，其戰人也，如轉木石。木石之性，安則靜，危則動，方則止，圓則行。

「指揮士兵作戰，就好像滾動木頭或石塊一樣。在平坦之處不會移動，在傾斜的坡道上則會滾落。相較於有邊角的形狀，圓形更容易滾動。」

如果以「激勵員工」來解讀這段話，關鍵就在「危」與「圓」——可以解釋為給予員工多少危機意識，以及擁有容易燃起鬥志的員工。

社長像這樣動用員工，就會**「如轉圓石於千仞之山者，勢也」**。如同圓滾滾的石頭朝著深谷奔落，公司也會勢不可當。

歸納以上所說，先讓員工共享「五事七計」的理念，**在公司內部營造出使大家確信「一切都發展順利」的景況，同時也有技巧地不斷讓員工保持些許危機意識。**這就是經營具備氣勢的企業的精要所在。

第六

虛實篇

掌握主導權

21 迎擊困難

請各位想像一下，參加一場重要會談卻遲到了。在路上就開始焦急地想著「不快點趕去不行」。趕到了之後，心裡覺得「讓對方等候真是很不好意思」。而且明明很累，卻連休息的時間也沒有就要進入會談。時間上的不充裕加上內疚，結果讓自己無法在會談當中暢所欲言。

另一方面，提早抵達的人則是從容不迫。在萬事俱備的狀態下等待對方，因處於優勢地位，在會談中侃侃而談。

比任何人都提早到場，便可能在當下掌握主導權。

事情該是這樣發展。不論是要進軍新市場，或是推出新產品、新服務，先下手為強。孫子說：「**凡先處戰地而待敵者佚，後處戰地而趨戰者勞**。」──「先進入戰場等候敵軍的一方，比起後到，而且立即要面臨作戰的軍隊來說，在身心上的疲勞可減少很多。」正是這個意思。

接下來就是這句名言：

故善戰者，致人而不致於人。

例如發生了一些問題、遭遇困難，或是出現攪局的人物時，自己就會受那樣的狀況、人物擺布。那就是「致於人」的狀態。也就是沒有主導權，讓人牽著鼻子走的意思。

這樣不行，必須要「致人」。任何事，不要落於人後，**主動迎擊問題與困難，先發制人並且儘早掌握主導權**是很重要的。只要握有了主導權，就如探囊取物，任何事都可以順利運作。

在〈虛實篇〉中，說明了自己為掌握主導權所必備的「虛虛實實的戰略」。所謂的「虛實」，就是「空虛與充實」或「虛偽與真實」。以「看起來好像有、事實上並沒有；看起來彷彿沒有、實際上卻有」或「看似真實、實則虛偽；看似虛假、實為真實」的內容，說明讓敵人出乎意料的戰略。

22 取得先手的利益

攻而必取者，攻其所不守也。守而必固者，守其所不攻也。

孫子在這裡說了一件理所當然的事：「只要攻擊敵人沒有防備的地方，必能獲勝。只要鞏固防守讓敵方難以攻入，就不會戰敗。」

就經營上來說，**「進軍大家都認為穩賺不賠的領域，並想從中分一杯羹」**千萬別把事情想得如此膚淺，各位可知道有多少企業就敗在這裡？

與其那樣，不如選擇沒有人企圖進軍的領域，不僅競爭對手少，又可以從容不迫地進攻，如果成功的話，還有機會獨佔市場。即使後來加入的企業增多了，至少可以獨佔在那之前率先進軍市場的先手利益。愈是不容易進軍的領域，愈有時間上的緩衝，先行進入者的利益會更龐大。

既然這樣的道理人人都懂，為什麼還是有企業刻意要進入對手眾多的領域？

其一，因為最先進入市場的企業已經證實這是個有利可圖的市場，所以感到安心。至於另一個原因，是因為無法找到沒有競爭對手的市場。

前者不值得考慮。要去證實市場確實有利可圖的不是其他人或其他公司，而是自己和自家企業才對。

至於後者，要找，是有訣竅的。簡單來說，就是「對一般常識提出質疑」。

「大家都認為那個市場沒有需求，談不成生意，果真如此嗎？」

「難道不是因為耗時費工、必須克服的困難太多，才沒有意願嗎？」

「是不是像當初推出寶特瓶茶飲一樣，心裡認定了『那種東西，沒人會花錢買』而已呢？」

由這樣的角度去一一探索社會上的需求就對了。市面上的熱銷產品，大多也是基於這樣的構想省思而問世。

說起來，企業要掌握主導權，關鍵就在於創立嶄新的企業型態，或是基於原本的型態開創出進化發展的另一種形式。

請看看過去。從前的商店是分門別類，各自掛著不同的招牌販售魚、肉、蔬菜、雜貨等。進化發展之後，出現了超市、便利商店，新的營業型態源源不絕。

此外，以往「購物要進入商店」的一般常識，後來也衍生出郵購的新業種，甚至在網路上出現了虛擬商店街。

創立這種超越時代的嶄新企業型態，就是成為先手的重要關鍵。無論是多麼成功的企業，不可安於眼前的處境地位。如同三得利（Suntory）從「威士忌的三得利」、「洋酒的三得利」、「國際食品的三得利」到「生化科技的三得利」，希望各位能擁有三得利這般如今還在努力開創新型態的精神，成為持續不斷挑戰的企業與經營者。

23 執行集中戰鬥法則

經營上常說：「選擇與集中很重要。」在確定「於該領域中具壓倒性地位」的情況下，投注八成的人員、物資、金錢等經營資源，剩下的兩成力量則平均分配到其他領域。也就是，一般而言應該要具備這樣的經營戰略。

孫子也提出過類似的看法。

我專為一，敵分為十，是以十攻其一也。

原本的意思是：「敵方戰力分散十處，我軍則集中所有兵力於一處，以攻擊對方的各個小部隊。」如此一來，即使自家兵力的整體規模小，在各戰場上的處境將可逆轉。這是在明瞭敵軍兵力配置時，一種既有效又高級的戰術。

就經營上來解讀，正是暗示了「**選擇與集中**」的概念。

假設公司發展了十種事業。如果對所有事業都是一視同仁，就無法發展特別突出的強項。如同我們形容那些擁有多項才能的人「樣樣通、樣樣鬆」一樣，這樣的公司在每一項事業上都沾點邊，就只能眼看著自己被競爭對手鯨吞蠶食。

然而，要是確定了「以這項事業一決勝負」，集中強化沒有競爭對手，或是即使有對手也不是什麼大企業的事業，又會如何呢？除了可以獨佔鰲頭之外，又能成為經營上獨特且與眾不同的強大企業。視情況，說不定彌補其他九項事業上的損失都還綽綽有餘。

社會上有不少公司都是眼看著有利可圖，就完全不顧自己是否擅長該領域便出手涉入各項事業。那麼做，絕對會分散自家公司的經營資源。這種半吊子的做法，經營上應該很難維持吧？以集中戰鬥法則去投入經營資源，才是上等的經營方式。

24 建立「柔性結構」的組織

故形兵之極，至於無形。

孫子說的「無形」，是指我軍試圖做些什麼、為了那麼做要採取何種體制、如何配置兵力、戰力有多少等事項，絕對不讓可敵軍知悉。

即使有間諜深深潛入政府中樞、或是謀略家想要分析我方軍情都無法達到目的的話，敵方就無可奈何。

這樣的事，為什麼可以辦得到？那是因為我方已形成一種可以巧妙閃躲或化解敵方攻擊的**柔性結構組織**。例如敵方下達指令「瞄準這裡」而進攻，結果卻發現原來只是空殼，戰無可戰；或是認定我方「某處的防守單薄，可以輕易攻下」後，才猛然察覺有驚人的守備軍而不得不撤退作罷等，像這樣我方具備看穿敵方招數並伺機而動的機動力。

公司也必須是這樣。否則一旦發生任何問題，在建置超越平時組織任務分擔的策略小組，還有施行合作體制時就無法有彈性地應對。一個不具機動力的組織，將正面遭受問題所導致的損害，甚至可能因此動彈不得而倒閉。

最典型的壞榜樣，應該就是官僚組織。只是明確區分縱向的職務歸屬，「這件案子歸那個部署、那一件歸這個部署」這樣在解決問題上不但非常耗時，應對方面也會顯得不協調。

就概念上而言，關鍵在於**組織並不是要「如鋼鐵般強硬」，而是「如楊柳般柔軟，絕不折服的堅韌」**。

關鍵字是「**復原力**」（resilience）。意思是，不論陷入何種困境都以正向的態度去面對，挺身而起回復到良好的狀態。日本311大地震的復興，正是需要這樣的復原力。

擁有柔性結構組織的企業，正具備了這樣的復原力。所以十分強韌。

對照《老子》，解讀《孫子》

〈虛實篇〉中有這麼一段：

夫兵形象水，水之行避高而趨下，兵之形避實而擊虛；水因地而制流，兵因敵而制勝。故兵無常勢，水無常形。

「用兵的形式以水為範本。如同水流趨低避高一樣，用兵要避開敵方兵力堅實的部分（實），攻擊防守薄弱之處（虛），獲得勝利。也就是說，水流會隨著地形而改變，用兵也是因應敵軍態勢去轉換攻擊方式。因此，用兵沒有一定的形勢，而水也沒有固定的模樣。」

根據譯文可以了解到，這裡正是以水來比擬前面曾經提到過的「故形兵之極，至於無形」。

關於「水」的部分，也正好與「老莊思想」相互呼應。老子說：

上善若水。（易性第八）

「像水這樣的東西，是至善」，為什麼水是至善？接下來，透過老子所說的話來說明吧。

「水利萬物而不爭。」

包括我們人類在內的所有生物，沒有水就無法生存。然而水卻不會仗著這樣的恩惠，驕傲地表示：「你們大家都是多虧了水才能活著，感謝我吧。」那樣的生活態度，就是「不爭」。也就是不邀功的謙虛態度。

此外，河水沖刷岩石流過山間林野，藉由礦物、水藻等吸收了許多礦物質。以人類來說，就像是藉由接觸各式各樣的人，從中學習許多事物以提升自己一樣。相信老子是想要告訴我們：「效法水的態度，以每位有緣人為師，學習各種事物。」

就這層意義而言，不可以因為「人家跟我合不來」，或者覺得對方是個「討厭的傢伙」之類的就敬而遠之。如此一來不但學不到任何事，更錯失磨練自己的機會。

「**處眾人之所惡。**」

水流不斷往下，滯留在低窪處。即使是人們所厭惡的那種漂浮著枯葉小蟲的髒汙處，也只是靜靜地留待原處。這是要提醒我們，學習謙虛的態度。

這裡指的髒汙之處，以人類社會而言，可以解釋為「資訊的匯集點」。更進一步來說，就是「資訊將匯集在對所有人都放低姿態並保持謙虛的人身上」。因為那種自視甚高、瞧不起他人的人，誰都不想將有用的資訊傳達給他。

「**天下之至柔，馳騁天下之至堅。無有入無間。**」（偏用第四十三）

所謂的「天下之至柔」，就是世界上最柔軟的東西，也就是水。「至堅」，則代表著世界上最堅硬的金石。老子在本段的前半提到了「無論多麼堅硬的東西，水都可以隨心所欲（支配）」。

所謂「滴水可以穿石」，是說水珠滴答滴答地落在石頭上，每一滴雖然都只有微薄的力量，時間一久，也能滴鑿出洞來。

而後半的「由於水不具形狀，可以滲入任何地方」就是提及水的柔軟。水的確是可以納入任何形狀的容器中。因為無形，所以不會對容器提出「你要再大一點，或是應該要小一點」的抱怨與紛爭。這也是前面所說的「不爭」。不將個人主張強行加諸他人身上，可以因應對方而自由自在變幻自如的，才是強者。

各位覺得如何？一旦瞭解了老子有關於「水」的教導之後，《孫子兵法》中的「水」是否就更容易明白了呢？做為與孫子相互呼應的一面鏡子，請各位務必熟悉《老子》這部經典。

第七

軍爭篇

「化不利為有利」

25

利用劣勢反擊

《孫子兵法》十三篇中，到第六篇為止都在闡述「如何不戰而勝」。以兵法書來說，固然是特例，也正是孫子的厲害之處。意思是，即使面對戰爭也以和平主義為出發點。從〈軍爭篇〉開始，才總算談到「實際的戰鬥」。首先讓我們來讀讀開頭的第一句。

軍爭之難者，以迂為直，以患為利。

我對「戰略」的定義是**「化不利為有利」**。

不過，前提是基於「戰爭中，強大的一方獲勝」的理論。也就是說，處於不利的情況下就贏不了。

然而因為不利就打消求勝的念頭，也未免操之過急。只要可以逆轉不利的情勢化為有利，讓對方變得比自己還弱，就可勝券在握。這時要活用的是「戰略」。

孫子說：「如果前方有所阻礙，就迂迴而行。但仍然必須有如直行前進一般，比任何人都早一步抵達戰場，獲得勝利才行。」這是所謂的「迂直之計」。

成功施展這個戰略的，就是織田信長。由西元一五六〇年征討今川義元的「桶狹間（田樂狹間）之戰」中就可見到實例。要讓各位理解「迂直之計」，回頭檢視這場歷史戰爭應該是最快的方式。就讓我們來詳細探究一番。

重點有五項。

①指派三十名間諜蒐集情資

打從今川軍由駿府啟程之後，信長就讓三十名間諜持續不斷刺探軍情，徹底執行我們現在所說的情報蒐集。因而得知「今川軍因為覺得已經獲勝而輕忽大意」的情況。

立於不利地位的好處，正是在這裡，對手將破綻百出，變成處處皆可攻擊的狀態。企業也一樣，愈是力量強大，就愈容易陷入「已經沒有敵手」的感覺，經營態度散漫，自己扯自己後腿，就像是告訴人家：「來吧，隨你高興，來打我吧！」

②提升軍隊士氣

信長出兵當時，在熱田神宮誓師祈願可以打勝仗。他稍稍費了點心思，讓鈴鐺聲由神殿內部響起。

結果士兵們全都認為「神明允諾了信長大人的祈求」，而鼓噪起來。強化了「必勝」的念頭，自家軍隊朝著戰勝今川軍的目標，團結一心。

現在聽來，或許像是在哄騙小孩似的，卻是超乎我們想像的重要。不必去到神社參拜，只要經營者能夠發表一番深具說服力的演說，確實描繪出一幅勝利的藍圖，員工的士氣肯定截然不同。甚至是寫實地談論公司由競爭中勝出之後，將面臨什麼樣的榮景也不錯。

③拔除敵軍的骨幹

相對於織田軍的兩千人，今川軍有兩萬五千名士兵，士兵人數如此懸殊，根本無法較量。於是信長構思了拔除戰力骨幹的方法，他利用的是酒。在不讓對方知道是來自於信長安排的情況下，為那些在田樂狹間休息的今川軍獻上了慶祝勝利的美酒。

或許是因為大意輕敵，今川軍還沒開始作戰便覺得「難得人家一番盛情，就來一杯吧」而喝了起來。酒精這樣的魔物，愈是酣醉愈忍不住「一杯接一杯」，酒量大增。到最後，今川軍大擺酒席，變為一群爛醉如泥的老頭；另有一說是沿路民眾招待請喝酒。不論哪一種，結果都一樣。而且當天非常酷熱，士兵們全都脫掉了厚重的盔甲。信長就這樣除去敵軍的骨幹，排除了人數上的劣勢。

提到企業之間的競爭，一樣是要保持「勝利了也不鬆懈」的精神。當獲利收益不斷增加時，若動不動就想著「員工旅遊去夏威夷吧」之類的事，難保不在財務上出現破綻。有時候員工甚至會因為想著「去夏威夷、去夏威夷」而心情浮動，完全忘記商場征戰的艱困景象。這是務必要留心的部分。

④利用地形

當今川軍因為酒宴而神智不清的時候，信長已經在俯瞰田樂狹間的要塞擺好陣仗，伺機要進攻。

此時正好下起大雨，視線不佳的情況下，今川軍已經失去緊張感。否則一般而言，會派遣先行部隊探查，他們卻怠惰疏忽了。這意想不到的幸運，信長軍當然是一鼓作氣攻打進去。

今川軍完全措手不及。而且狹間（峽谷）是勉強只能一人縱列行進的狹窄道路，他們全被一網打盡。信長利用了「易攻難守」的地形，步步進攻喝得醉醺醺的今川軍。

像這樣，企業在競爭時營造出對自家公司有利的狀況即是關鍵。在對手不留神的時候積極穩當開發新產品或新服務，同時盯住對方的動向，看準他們在銷售攻勢正疲乏的最佳時機打入市場。這樣的對策，是必須要去思考的。

⑤拿下將領的首級

歷史劇中，經常以拿下敵軍將領首級的畫面來描繪戰爭的終結。愈是優秀的將領被擊倒時，愈容易讓軍隊立刻陷入一團混亂，這也正是攻擊將領的主要目的。

當時的信長軍也因為今川軍完全是獨裁將領——今川義元的「一人部隊」，於是採取了「無論如何要拿下義元首級」的戰略。於是以兩百人以上的陣仗追打在三十人護衛隊保護下而撤退的義元，決出了勝負。

企業中，以經營者個人魅力「撐住」大局的狀況並不少見。那種馬首是瞻的企業，一旦社長不在了，業績就會急速下滑。為防止這樣的情況，要在每個部門設置具備相應決策權的高層主管，必須事先鋪設好預防整體崩塌的體制。

以上，就是信長籌劃的「迂直之計」。其中有關商業部分的說明也請各位參考，如能藉此由信長與義元雙方的角度去思考制訂戰略，想必將有所助益。

將「迂直之計」應用於自家企業經營

「迂直之計」這樣的戰略，主要可以應用在開發、銷售競爭上起步較晚，或是因為某些意外事件而陷入不利的處境中等情況。此時在思考上最重要的，是針對以下三點稍稍「做點改變」。

第一，**「改變戰場」**

對企業而言的「戰場」，有生存領域、事業領域、銷售領域。

在茶飲業界中高手企業相當多。以過去的例子來說，曾有公司因為茶葉賣不出去，於是將茶裝入寶特瓶當成飲料販售而大發利市。另外，也有進入婚喪喜慶業界去推廣「奠儀回禮就用茶」這種概念的公司，或是用抹茶製作點心而大賣的商家。

這些都不是在茶葉市場中具壓倒勢力的企業。我認為正因為如此，他們才會想到「在其他業界決勝負」的構思。

第二，**「改變作戰時間」**

不論哪個業界，都會有「賣得很好的時間點」。然而起步較晚的廠商，即使在同一時期競爭也很難贏過已先進入市場的企業。於是有人會想，既然如此，把販售的時間點錯開就行了。

例如優衣庫（UNIQLO）就打破時裝業界中「季節商品」的一般常識，以「一年四季都可穿」的服裝風格建立了全新的穿衣常識。此外，某玩具製造商不顧業界中「新產品要在展示會上販售」的習慣，直接在網路上開賣。藉此打下了一個「二十四小時、三百六十五天都是展示會」的舞台。

因此，這就是錯開業界其他同行打算要販售的時間點，以個人舞台為目標的做法。

第三，**「改變作戰主題」**

大部分企業都是趕流行。如果是強而有力的公司，或許還可以分個勝負，但是後來跟風的公司大概就只是被許多競爭對手埋沒其中而已。對於流行風潮，要以不同的觀點找出附加價值，在思考上必須非得走在流行的尖端不可。

由上述三項重點去研擬「迂直之計」，才是真正能夠化不利為有利的戰略。

26 要具備大局宏觀

軍爭為利，軍爭為危。

孫子提出了警告：「搶先抵達戰場試圖取得有利局勢時，一旦過分急於獲勝，反而會讓自己陷於不利處境。」

目前為止，明明一直提到「作戰時為使局勢發展對我方有利，必須搶先取得主導權」，各位或許會感到前後矛盾。接下來的這一段就說明了原因。

舉軍而爭利則不及，委軍而爭利則輜重捐。是故卷甲而趨，日夜不處，倍道兼行，百里而爭利，則擒三將軍，勁者先，疲者後，其法十一而至。

用一句話簡單來說就是：「因為累積太多牽強之處，所以不行。」

比方說，為了儘早趕到而減輕裝備，就會將運送糧食或士兵的各種裝備、武器彈藥的輸送部隊遺留在後方。如此一來，裝備當然會不足，而輸送部隊這個提供物資的寶庫因為不具戰鬥力，也可能成為敵軍吞食的餌。

此外，夜以繼日奔走的急行軍方式將消耗士兵許多體力。結果可以想見，若因此導致有人脫隊的話，抵達戰場時的戰力也會大幅損耗。

以這樣的方式，就算搶得了先機應該也無法好好應戰。過分強求有利的局勢，反招致不利。

這種情況同樣可以套用於經營上。「要獲利、要獲利」因為過度專注於追求利益，反而遭致利益叛離的例子並不少見。

為什麼？這是因為推動事務時不具備大局宏觀。企業追求獲利固然是天經地義，但要是完全只在意這件事就看不見周圍的景象，很容易不自覺地掉入陷阱。

舉例來說，就像河川氾濫時逃往高處，結果卻遭後方山坡坍塌的土石吞噬一樣。

如果不擴大視野以三百六十度去全面檢視狀況的話，不僅沒獲利，恐怕損失更大。所以，必須具備可以**俯瞰、判斷整體的大局宏觀**。

要如何才能具備這樣的宏觀？我自己有一套切身體驗過的祕方。

三十二歲那年，決定以中國典籍發展事業時，我曾經去懇求某大學教授「務必領我入門，為我啟蒙」。然而教授卻只是淡淡地表示：「三十二歲已經太晚了。」經過我死纏爛打，他終於在有附帶條件的情況下接受了我的請求。

「如果你能在一年之內掌握東洋式的觀點，我就指導你，」他說

即使他那麼說，我還是不知道該怎麼做。一再追問之下，他給了我這樣的答覆：

「所謂東洋式的觀點，就是指根源、長期、多樣這三點。首先，做任何事情的時候都請你持續不斷思考：『根源是什麼？』你可以在紙上寫下『根源』這兩個字，四處都貼上。持續這樣的訓練，只要有任何人說你是一個『以根源看待事物的人』，在這部分就算是合格了。至於長期和多樣也是相同的做法。一年之內可以過關的話，就當做你已經掌握了東洋式的觀點。」

回家後，我立刻做出上百張寫了「根源」的紙貼滿屋內。每天不論看到什麼、在做什麼都會想著「根源是什麼？」，持續不斷思考一切事物的本質與起源究竟是什麼。

其次是「長期」。針對每一件事都去探究「至今經歷了什麼樣的過程」或「這樣的現

象就歷史上看來如何」等，在歷史方面變得相當強。至於最後的「多樣」，只要持續在「根源」上深入思考，以「長期」的時間軸橫向博覽的話，自然就能習得。我認為，這種瞬間就能「深入廣泛思考」的反應，也就是自然養成看待事物的多樣眼光。

那時，我想到的是「所謂中國典籍，最重要的便是運用肉體來思考」。

由於這是培養大局宏觀非常好的訓練，希望各位也一定要挑戰看看。快速掌握的要領就是以**「賦予肉體思考能力的感覺」**去執行。

這個暫且不談，說到社長們應該具備大局宏觀的最重要理由，就是公司並非只要經營個幾年就算了，前提當然是要「永續經營」（going concern）。

社長們非得以「永續經營」為武器不可。換句話說，不要受今年、當月或當天的獲利擺布，要具備眼光，看準五年、十年、二十年……甚至是百年之後去經營。

此外，即使不如原先所設想的那樣可立即獲利，也請以「一年不成的話，花個三、五年也會實現」的想法，專心一意去面對。

這就是以大局宏觀去經營事業，也是具體實現「永續經營」的方法。

27 在經營中導入「風林火山」

「風林火山」——因戰國武將武田信玄將之標記在旗幟上而聞名的這句話，是來自於孫子。

故其疾如風，其徐如林，侵掠如火，不動如山，難知如陰，動如雷震，

……

這是接續在「**故兵以詐立，以利動，以分和為變者也**」這段文章後的一段話。具體說明了作戰時要怎麼動，才能搶得先機、將對手玩弄於股掌之間，形成對我軍有利的形勢。

直接譯為白話文為：

「軍隊行進時要像風一樣快速；伺機而動時要如林木般緩無聲息；進攻時如火勢蔓延般猛烈；立定駐守時則如山岳般沉穩不動；隱匿我軍行蹤時，如沒入黑暗之中；大軍出動時，則如雷霆般驚天動地。」若要套用於經營中，該如何解讀呢？

疾如風——迅速做出判斷與決定

徐如林——臨機應變有彈性

侵掠如火——看準勝負關鍵時刻，組織整體動作敏捷一氣呵成

不動如山——態勢沉穩，以大局宏觀認清現狀

難知如陰——重要情報絕不外洩，確保滴水不漏

動如雷震——以充滿魄力的指揮領導，讓人感受到組織發揮了數倍的效益

這就是經營者應該導入的「風林火山」。進攻的時候進攻；等待的時刻靜心等待；應該隱匿的消息不外流，像這樣行動時能屈能伸是很重要的。

接下來的一段，孫子說：「在戰場取得的糧食要分給兵眾，奪得了土地要均分利益，權衡情勢伺機而動。」總之，就是要「謀求迂直之計」。

28 鼓舞熱愛公司的精神

我承接了各式各樣的企業內部研修活動。一到知名的大企業，時常會因為「不愧是人才濟濟」而感到佩服。反之，在中型企業裡，有許多員工讓人感覺不是那麼傑出，甚至偶爾還會覺得「社長看起來很辛苦」。

只不過，一看他們的業績，卻常有出人意料的結果。也就是說，菁英集團沒有亮眼的表現，但那群庸碌凡人的業績卻是相當令人矚目。我思索著「究竟為什麼」，而歸納出一個想法：

「縱使每一位員工都擁有優異傑出的能力，但是當集結這些能力後，卻無法成為整體組織的力量時就毫無意義。菁英團體或許是礙於自尊心，並不樂意以低姿態向他人求援。因此，難以凝聚組織團結的力量。

另一方面，中型企業裡的員工，或許是因為每個人都對於『自己並非菁英』有所自覺，也就沒有任何事都必須單打獨鬥的堅持。比方說當某個部署發生問題時，立刻就會有其他單位提供支援等，處於大家通力合作的氣氛，因而在組織中醞釀出團結的力量。」

要提升組織整體力量的關鍵，**不在於員工個個能力高強，而是要結合大家的能力發揮到極致。**

孫子接下來的這段話，說明了有關如何在組織中激發出凝聚力的方法。

《軍政》曰：「言不相聞，故為之金鼓；視不相見，故為之旌旗。」夫金鼓旌旗者，所以一人之耳目也。

「在戰場上，既聽不見將軍或同袍的聲音，也很難分辨敵我雙方的身影。因此，使用鐘鼓、旌旗來率領軍隊就行。這是讓自家士兵合而為一的方法。」

就公司經營來說，孫子所說的「金鼓」，就是用來督促員工擁有不輸給任何人的戰鬥意識與自我提升的力量。

社長必須自始至終像敲打大鼓一樣，不厭其煩訴說經營理念，直到員工理解、認同為止。

至於「旌旗」，則關係到對於社長與公司的忠誠與熱愛公司的精神。

舉例來說，員工全體穿著制服，或是外套、T恤、頭巾、徽章等也可以。

請各位回想一下小時候的運動會。分為紅、白兩隊進行對抗時，綁著同樣顏色頭巾的人，即使對方不是熟識的朋友，也一樣會認定是「並肩作戰的隊友」吧？

此外，團體競賽的運動選手們一定會穿著隊服，從飛行員到建築工地或工廠作業員、警衛、警察等，這些關乎性命安危的職場上，制服都是不可少的。因為這樣的工作，必定要有大家的通力合作才能順利執行。

同樣地，一般企業也可以藉由這種穿戴相同事物的方式來提升同袍意識，讓組織團結一致。

29 認清對手的「氣、心、力、變」

面臨挑戰時，必須先辨明對手目前的狀態如何。因為看準對方的弱點發動攻擊，才能將戰事導往有利的方向。這時候的關鍵要點，孫子提出了「氣、心、力、變」四項。讓我們依序來看看。

「治氣」

是故朝氣銳，晝氣惰，暮氣歸。故善用兵者，避其銳氣，擊其惰歸，此治氣者也。

任何人，只要不是前一晚熬了夜或喝太多酒，通常早上都會充滿幹勁、有效率地工作的吧。但是吃過午餐後，生產力就急速下降。到了傍晚更是感到疲憊，巴不得「想早點回家」。

利用這種早、中、晚的精神氣力變化，看準對手最疲憊的時刻，就是孫子所說的「治氣」。

只是這裡所說的，並不單單只意味著早、中、晚這種時間上的利害關係。最重要的還是認清「對手在精神氣力上的變化」。社長必須常常注意「競爭對手和我方，哪一邊的精力更勝一籌」，做出我方狀況較好的時候就進攻、對方好的時候就不進攻的判斷。

「治心」

以治待亂，以靜待嘩，此治心者也。

所謂的戰爭，指揮統率紊亂的一方就會吃敗仗。當對手企業的統率領導出了問題，社長和員工都心浮氣躁時，我方就有勝算。經營者必須確實統率自家員工，看準這一點伺機發動攻擊。

最重要的，身為社長要時時保持理性沉著，以冷靜透徹的眼光管理公司，不自亂陣腳。

「治力」

以近待遠，以佚待勞，以飽待饑，此治力者也。

「在戰場附近，等候千里迢迢而來的敵軍；蓄積精力，等待疲憊的敵軍；以飽滿的體能狀態，迎戰飢腸轆轆的敵軍」，這便是孫子所說的「治力」。

置換為經營上的概念，就是等待對手變弱，把握時機進攻。關鍵在於準確掌握對手的戰力分析。

「治變」

無邀正正之旗，無擊堂堂之陣，此治變者也。

再沒有比挑戰氣勢軒昂的敵軍更無謂的事了。總之，要靜觀其變，等待對方狀態惡化，才是上策。

基於上述四點，讓自家企業維持良好狀態，仔細認真觀察對手的狀況。無論是統率領導員工，或是認清對手的現狀，都是身為社長的重要工作。

第八 九變篇

臨機應變

30 因應狀況改變戰術

〈九變篇〉中，孫子說明了根據處境臨機應變的戰術。首先提出的是在「圮地」、「衢地」、「絕地」、「圍地」、「死地」這五個險要狀況下不可以做的事。

讓我們以**「被逼入絕境時的經營判斷」**的觀點來解讀。

「圮地無舍」

所謂圮地，是指險阻難行之處。孫子說，在這樣的地方不可以駐紮軍隊，要想辦法儘快離開。

以經營上來說，就是「目前手上進行中、或是打算要進行的事業，未來將陷入危險」。雖然說是「苦守十年的生意」，但只要經營者判斷狀況不能輕易好轉的話，就應該儘快收手撤退，往其他新領域尋找出路。

「只要再加把勁，或許情況會好轉？」不要拖拖拉拉，平白增加損失。即使再捨不得，也要先撤退，睜大眼睛看準時機成熟後再重新來過比較好。

「衢地合交」

「位居交通要衝，有其他大國當靠山的國家，不要與他對戰而是要締結邦交，想想串聯周邊大國的方法」孫子的這句話，可以解讀為「與大企業對戰或許會令人感覺是一種勇敢的舉動，其實是有勇無謀。在事業上攜手、建立合作關係，也是取得勝利的一種方法」。

現實問題在於即使打入諸強稱霸的市場中，也絲毫沒有勝算。還不如思考有沒有和大企業攜手合作的機會，盡力去交涉才是正途。順利的話，還可能不費力氣就承接到大企業的客戶，以此慢慢拓展自己公司在市場上的佔有率即可。

「絕地無留」

「絕地」是敵國境內至深的場所。隔絕於世外，極為危險不便，所以孫子說：「不可久留。」

以企業的國際化戰略解讀的話，可以解釋為一開始投入大量總部的員工進行整頓後，就立刻退場，之後由當地員工為中心去營運比較好。

只不過，應該要留下一位抱持「奉獻畢生心力」覺悟的員工。因為要是少了這樣的人，就無法動員當地的員工。在中國獲得成功的日本企業，大多數都是採用這種方式。請各位做為參考。

「圍地則謀」

所謂四面楚歌的狀態，就是孫子說的「圍地」。儘管讓敵人包圍而動彈不得，還是必須運用巧妙的策略想辦法突破。

企業經營也會遇上這種狀況吧？例如，雇用雖然有點貴，卻手腕高明的律師，或是只能借助專業人士的力量脫離現狀的情況等。平時拓展人脈，在陷入困境時有辦法對外尋求拉自己一把的人才，也是重要的準備工作。

「死地則戰」

「死地」，望文生義就是「面臨生死關頭的關鍵時刻」。這種時候，就連孫子也認為「一旦到了那個地步，就只能抱著必死的決心去作戰」。

只不過，雖說是「必死的決心」，孫子倒也不是要大家魯莽地行動。還是要充滿「必定獲勝，堅持到底」的意志全力以赴，並且理性冷靜地行動。

此外，如果到了怎樣努力也無能為力的時刻，視情況而定，可以選擇趁傷害輕微的時候快刀斬亂麻，迅速結束戰事。將公司委由其他公司代為經營的選項也請列入考慮。

可能的話，請儘量避免陷入以上五種狀況。基於「五事七計」努力經營，就是避免落入這種下場的上上策。這些概念的說明，就當做是預先了解以防萬一吧。

31 不要墨守成規

事物瞬息萬變，公司所處的環境無時無刻也在改變，社長對於這些變化非得要臨機應變不可。幾乎可以說，沒有哪本教戰守則能夠完全應付一切問題的發生。

平常看起來良好的應對處理，並非一定是最佳選擇，有時候需要的是差勁的那一種。尤其是在戰爭這種非常時期，經常發生按照一般常理卻行不通的情況。

基於這一點，孫子說：「有些路不要走、有些敵軍不要攻、有些城池不要佔領、有些土地不要爭奪、有些君主的命令也可以不要接受。」

途有所不由，軍有所不擊，城有所不攻，地有所不爭，君命有所不受。

將這些套用於經營之上，可以解讀成如下：

途——事情不是按照理論去推動就行。如同在股票投資上常有人說：「與眾人背道行處，峰迴路轉繁花盛開。」做些與他人相反的事，反而成功就在眼前。希望各位可以開創屬於自己的道路。

軍——光是打垮對手企業不是什麼大本事。不如說，要讓自己公司維持適度的緊張感，有競爭對手存在反而是好事。希望各位可以將對方視為激勵琢磨自己力量的重要存在。

城——攻打對手企業總部而獲勝，不能說是好方法，因為必將面對惡戰苦鬥。希望各位在應對時，先冷靜思考一下那麼做所需耗費的時間與精力。

地——不可因為是高度成長的產業，就輕易地攻入。如果是已經漸趨成熟的市場，之後將朝向衰退的方向走。希望各位確實認清該市場是否值得投入資金與精力。

君命——針對社長命令提出異議的員工，不可以隨便排擠打壓。必須認真考慮對方所說是否在顧及公司利益之下，同時對於可能遭受處分有所覺悟後提出的。希望各位是位「廣納建言」的社長。

32 利害兼顧

中國古典思想中有所謂「陰陽調和、固本培元」的觀念。「陰」是不斷向內的作用，具有向心力、充實內在、革新的性質；另一方面，「陽」是持續向外擴張、具有離心力、擴大發展的性質。當陰陽均衡調和時，便是最佳狀態。

此外，也有「陰極陽生、陽極陰生」的說法。當陰陽其中一方的作用過剩時，自然會藉由一股看不見的力量時時調整。

明白了這樣的概念後，便可以時常**意識到「反面」的意涵**。

例如在追求獲利的同時，如果也意識到損失的面向，就不會得意忘形，對於事情便能抱持「其中是否有陷阱」之類的謹慎態度。身為社長，對於業績上揚就喜不自勝的員工更是要叮嚀「不要以為這番好光景會永久如常，問題在於今後該如何盡力維持下去」。

反過來，遭受損失時，自然也能以積極的態度去思考「雖然接二連三不太順利，但不也從中學習到許多事嗎」，身為社長就應該激勵那些業績不振、意志消沉的員工：「儘管損失很大，但也獲得好的教訓，不是嗎？就當做是成長的養分吧。」

關於這部分，孫子是這麼說的：

是故智者之慮，必雜于利害。

孫子進一步提到可以這樣應用：「只要向敵軍亮出有利可圖之處，就能使對方完全不顧慮損失的可能而興沖沖地招致失敗，為我軍帶來好處。讓敵軍遭受損失時，必須注意到不要反過來激發了他們的鬥志。」

也就是說，請各位認真研讀對手的心理，磨練出可以靈活運用利害關係的能力。這就是專業人士的威力。經營者要不時從利害兩方面思考眼前的狀況以管控公司，同時還必須策劃出與對手企業作戰時的有利行動。

33 無論任何困難都儘管「放馬過來！」

「希望不要發生任何問題。」
「但願不要遭遇困難。」
「最好別吃苦頭，順利完成。」
只要是社長，相信都會有這樣的期望吧？凡事都會到寺廟或神社裡參拜、合十祝禱的人應該很多吧？
就連我自己也曾經如此。做任何事情都不順利，已經數不清到底向神明求過多少次：「希望不要再出現那些煩人的事！」遇上重要時刻，甚至還奉獻過不少香油錢。
但是，從來沒有靈驗過。我心裡想：「原來祈求神明也是有限度的啊。」於是腦筋一轉：
「對了，因為是祈求『不要遇上困難』所以才行不通。應該要好整以暇，等著它『放馬過來！』才對，這麼一來就算真的遭遇難關，也因為是自己『求來』的，就會滿心歡喜接受吧？別說意志消沉了，根本是如願以償，自己一定會開心喜悅並充滿跨越難關的活力。」

從那之後，我再也沒遭遇過困難或討厭的事。正確來說，當然一樣會有困難和討厭的事情，只不過我已經可以打從心底期待並接受。

更棒的是，這樣的想法也鍛鍊我成為一個不論面對任何困難都不被擊倒的強者。因為料想到困難或討厭的事情會來，每天不斷努力讓自己變得更強韌。以戰爭來說，就是「鞏固不敗陣的防守」，也誠如孫子接下來的這段教誨：

故用兵之法，無恃其不來，恃吾有以待之；無恃其不攻，恃吾有所不可攻也。

「不要仗恃敵軍不會攻打過來，要以我軍隨時遭受攻擊都能有備無患為依靠。要鞏固防守讓敵軍無法發動攻擊。」——請各位培養出這種**迎接困難的強韌度**。

34 避免成爲「廢社長」的五項戒律

「**故將有五危**」——孫子明白指出，要成為優秀的將軍不可犯的五項禁忌。從中可以了解到「**凡事過猶不及**」，讓我們引以為戒吧。

一、「**必死可殺**」

各位是否經常將「抱著必死的決心，拚了命去做」這句話掛在嘴邊呢？那是不行的。所謂「必死」就是「必定會死」，等同於要去送死的意思。經營公司不可以拚了老命。當思考能力遲鈍，不顧前因後果就採取魯莽的行為，最後終將變成「粉身碎骨」式的行動。

二、「**必生可虜**」

士兵抱持著「一定要存活下去」的強烈意念，立刻會成為俘虜。經營公司，強烈希望「絕對要達成目標」雖然重要，只是一旦過了火，就會有「不擇手段」的危險。結果反而被達成目標的念頭束縛，承受重大壓力。

三、「忿速可侮」

容易發怒的人，光是這一點就失去當社長的資格。過於暴躁易怒、欠缺冷靜理智，容易招致失敗，維持平常心很重要。

四、「廉潔可辱」

廉潔無暇本身雖然是美德，但過度要求會變成凡事虛有其表，不懂得通融應變的老古板。有這樣的社長，公司也會失去彈性，不夠靈活。

五、「愛民可煩」

太過愛惜員工，恐怕將使得他們因為恃寵、受溺愛而變得無能。當自己的眼光被感情遮蔽時，便無法做出客觀的判斷。

第九

行軍篇

「察知前方阻礙，採取行動」

35 苦難要如此超越

企業經營，正如「山峰山谷」接連不斷的起伏一樣。儘管有時無可奈何，但相信沒有哪個社長不希望「盡可能縮小山峰與山谷的落差，維持高度安定的業績」。

要實現這樣的目標，首先要確實掌握自己的公司目前是位於山峰，還是即將掉落谷底，到底是必須渡過橫在眼前的河川，還是被沼澤拖住了雙腳。眼看就要陷入其中，之後再進行應有的處置。

孫子將我軍所在位置的地形分為「山、川、濕地、平地」四種，提出相應的作戰方法。讓我們置換為企業經營來解讀一下。

第一種是「**處山之軍**」。當業績到達最高峰時，公司該如何自處為宜？

孫子認為「**絕山依谷，視生處高，戰隆無登**」，也就是「沿著山谷前進，在高處紮營休養生息，由制高點往下攻」。這裡的重點是休養生息與居高臨下。

一路攀升的感覺固然很好，但也正因為在這個時間點上，更要停下腳步想一想逆境。

此外，一邊修復目前為止所耗掉的體力，補充新能源，提升繼續向上的力量。

第二種是「**處水上之軍**」。正處於轉捩點的公司，為一舉躍升而上，該如何解決所面臨的課題？

孫子以「渡河」來比喻：「**絕水必遠水，客絕水而來，勿迎之于水內，令半濟而擊之利。**」——「迅速渡河之後，趁追趕上來的一半敵軍渡河之際，予以攻擊」。

重點是不要在岸邊拖延，一口氣上岸之後就往高處攀登。公司經營上，全力進行內部改革與充實後，最好可以在短期之內解決課題。比方說「內部革新開始後的三年」之類的漫長等待是不行的。如果不是在一年之內就有結果，將很難躍升成長。

第三種是「**處斥澤之軍**」。「斥澤」指的是濕地，是舉步艱難，不容易有進展的地方。以企業而言，就是「問題層出不窮」的時刻。

孫子認為「要儘快離開那種地方，即使有誤也不要在那裡交戰」，也就是「**絕斥澤，唯亟去無留**」。

雖然狀況不妙，但經營者必須思考如何儘早脫離那樣的逆境。這時請務必擁有某種心靈支柱。不論是自己喜愛沉迷的興趣也好，或是寵物也行，什麼都可以。只要是可以療癒心靈，讓自己活力充沛的事物，想必就能讓你忍受逆境。

第四種是「**處平陸之軍**」。沒有特殊狀況或不安，事業平順發展的時刻。

「**平陸處易，而右背高，前死後生**」──「在前無阻礙的平地佈陣時，要注意後背需有靠山，以防突襲」，如同孫子所說，關鍵在於繼續保有危機意識。

正因為處於順遂且從容不迫的時刻，剛好可以一舉排除公司內部的「落差、硬撐、徒勞」現象，以整體平均向上為目標。

「緊要關頭全靠平時的有備無患」，平時才是真正該用心壯大公司力量的時刻。

36 認真巡訪現場與老客戶

身為社長只會在辦公室裡擺架子、等著員工來報告的，稱不上是優秀傑出的社長。因為員工可能只會報喜不報憂，如此一來，就會陷入工作現場發生的各種大小問題「只有社長不知道」的慘狀。

拜訪老客戶的工作全都交給員工去做也不行，客戶可能會感覺到「不受尊重」而心裡不舒服。而且，員工很可能會擅自忽略了老客戶的要求，或是不經意獲得的重要資訊。

這並不是要各位凡事都一一出手干涉。社長自己要認真巡訪工作現場或老客戶，才看得到現場發生了些什麼事，有問題的話趁早解決；並於與老客戶的對談中，掌握對方的需求。這些事項的累積，在經營上極其重要。

孫子在詳細描述察知敵情的方法論中也提出了警告：**「不要放過任何細微的變化，前方埋設了許多陷阱。」**

凡地有絕澗、天井、天牢、天羅、天陷、天隙，必亟去之，勿近也。

這裡所提到的「絕澗、天井、天牢、天羅、天陷、天隙」，全都代表著讓你失去自由、動彈不得的地形。由於行軍途中，不知何時會踏入這種危險地帶，所以孫子說：「一旦察覺到危險，就要立即遠離。」

再者，反過來利用這些讓敵軍落入陷阱當然也是戰術的一種，這部分可以解讀為「動聽的話中必有玄機」。

「世間沒有不勞而獲的事」各位要銘記在心，不論有人如何唱作俱佳，跟你說了多少「動聽的話」，千萬要小心，別就這麼讓人牽著鼻子走。

無論何時，邪惡總是帶著善良的面具出場。

37 從對方的言行舉止中解讀眞意

交涉談判的重要關鍵，在於解讀對方真正的心意。畢竟那些心中所想與言語態度完全相反的「老狐狸」相當多，是吧？

為了不讓那樣的人玩弄擺布而一再失算，也為了看穿對方心中真正想法以便先發制人，我們必須具有「解讀真意」的技能。

孫子舉出了許多由敵軍樣態來判斷實情的方法，讓我們將下面七種套用在商業談判上解讀看看吧。

一、辭卑而備者，進也

「對於貴公司，實在望塵莫及。我們根本稱不上是對手啦，」說著這些擺出令人費解的低姿態話語，態度謙虛到有點詭異。其實對方很有可能在背地裡正積極準備要進攻，而且肯定充滿必勝的企圖心。

二、辭強而進驅者，退也

一再反覆強勢的發言，不斷提出許多不合理的要求故意刁難，不外乎是為了讓雙方談判破裂。

三、輕車先出其側者，陣也

開始進行具體的數值計算，正是對方打算要認真談論議題的另一種表現。在這部分尚未出現之前的談判都是浪費時間。

四、無約而請和者，謀也

還未追問、逼迫之前就提出妥協方案，代表對方圖謀要欺騙或陷害我方。

五、奔走而陳兵者，期也

提示詳細數據，陸續不斷有具體提案，正是對方期望解決問題的明證。或許是對方所剩時間不多也不一定。

六、半進半退者，誘也

一再反覆進退，其實是意圖使我方焦躁不安而提出妥協方案。

七、杖而立者，饑也

重要部分尚未經過確認，就一個勁地只想儘快為談判做出結論，可以視為對方已經相當疲累不堪。

像這樣，進行談判時不要只依照對方言談的表面意義照單全收，必須察言觀色探求真正的意圖。其他還有：

「對方交涉團隊態度不一致時，可以想見領導者能力不足。」

「對方交涉團隊的發言人一個換過一個的話，可以視為對方正陷入瓶頸中。」

「對手在談判過程中，不時要求休息的話，肯定是藉機詢問總公司的意見。出面談判的團隊很明顯並未獲得總公司信任。」

這些內容都非常值得參考。

尤其隨著企業全球化的推展，遊走在國外企業人士之間的場合也增加了，在交涉談判上的能力要是不夠強就成不了事。必須認真研讀這部分，精通於「解讀真意」的技能。

38 不可仰賴規模與招牌

戰爭中常說：「士兵人數壓倒性眾多者獲勝。」一般而言是那樣沒錯，但是孫子認為：**「即使人數上屈居劣勢，只要謹慎觀察敵情，集中戰力而鬥，還是可以致勝。」**

兵非貴益多也，惟無武進，足以並力、料敵、取人而已。

以現代來說，應該就是「新創事業的時代來了」。所謂的新創事業，公司規模雖然小，卻是人數少的菁英部隊。

每一位員工都具有特別的專業能力、尖端技術或嶄新的創意等，凝聚這些能力，人人充滿了活躍於世界舞台的氣慨與活力。

由於內部組織的關係平行，強項是可以迅速做出決定。像一般俗稱的「大企業通病」，那種機動力不足、反應遲緩以至於事務難以推展的情況，或是與時代不相襯的老舊陳腐思想都與他們無緣。

只要擁有大企業的招牌與資金就一切順遂的時代，早已成為過去。如今，即使是沒沒無聞的小公司也能成長茁壯的滋養土壤，可以說已經普遍存在於社會中。

社長必須將公司打造為一個充分具備創新事業特質的組織。嘴裡嘟囔著「根本比不上那些大企業」之類的落伍想法，該是時候改變一下了。請各位要這麼想：「員工人數或公司規模根本毫無關係。集合員工所擁有的專長、技能與創意，發揮這些能力的總和才能使公司發展成為超越大企業的組織。」

不過還是別忘了，要確實掌握對手大企業的實際狀況，與我方做一番比較。不經一番思考就輕蔑侮敵，不過是成為大企業吞噬的對象罷了。

因此，「五事七計」在這裡一樣很重要。

39 捉住員工的心

卒未親而罰之，則不服，不服則難用。卒已親附而罰不行，則不可用。

說明上下關係的這一段話，可以直接應用在社長與員工的關係上。「在彼此還沒有建立起人際關係之前，員工即使有什麼不當行為，最好也不要嚴厲斥責或處罰。因為不是招來反彈，就是使他們變得特別不服從或完全悶不吭聲。反之，對於已經建立親近關係的員工，偶爾要以嚴格的態度對待他。一旦慣壞了對方，將會不把你看在眼裡。」

像這樣，孫子依據雙方的人際關係建立到何種程度，說明上位者如何指導與培育下位者的訣竅。

的確，對於剛進入公司的員工動不動劈頭就罵他「太鬆散了」或是「竟然犯了這種錯，扣薪水」之類的，實在不是好方法。或許你會覺得「剛開始最重要」，應該要嚴格管教比較好，但這麼做，不是引起反彈就是讓對方變得畏縮，只會導致反效果。

在嚴格要求之前，先建立良好的人際關係很重要。再來，彼此關係拉近之後，如果沒有嚴格做到該罵的時候罵、該罰的時候罰，就會遭對方輕視。雙方關係親近到變得隨便時，會降低工作品質，做不出什麼好實績。

近來也會聽到有人說：「有愈來愈多年輕人很少有被罵的經驗，應對上很棘手。」要是具備了關愛，希望對方成材的話，該罵就罵是無妨的。相信員工不會辜負你的期待。

對社長來說最重要的工作之一，就是教導員工，支持他提升個人實力。其中關鍵是**「平時以關愛的心情對待他」**，還有**「經常以公平的角度去觀察、評價每位員工，該稱讚的時候稱讚、該責罵的時候就責罵」**。

確實做到這些，社長與員工便能一體同心，整個團隊的力量也將隨之壯大。

第十

地形篇

正確執行市場行銷與人事戰略

40 明辨市場狀況再出擊

〈地形篇〉中，說明如何因應地形去作戰。雖然前面提到有關地形的段落很多，但是這裡特別著重於與敵軍相對的位置關係。

我認為對經營者來說，以「市場戰略」的角度來研讀這一篇，想必深具啟發意味。孫子所說的六種地形——「通」、「挂」、「支」、「隘」、「險」、「遠」，我們一一來解讀一下吧。

「通」——體力決勝負

對敵我雙方都容易行動的地形即是「通」。以市場來說，相當於任何公司都可以輕易打入的環境。因此沒有利與不利的差異，大家都在相同的條件下競爭。

如此說來，便是以體力決勝負，儘量減輕自己公司的疲勞度是重要大事。例如利用網路販售或郵購等，以無實體店面販售的方式來減輕初期投資和經常成本，也是一種做法。

此外，擁有優秀的諮商顧問，盡可能構思出有效率的事業提案也不錯。希望可以避免在人事、物資及資金上無謂且高額的浪費。

「挂」——以獨特決勝負

一旦前進就難以回頭的地形稱為「挂」。在市場戰略上，就是「投入市場後，遇上意想不到的強敵。但已經開始推展事業，又不可能撤退」的狀況。

原本在進軍市場前就該仔細調查清楚，調查不周的情況下既已涉入也無計可施。只能展現自己獨特的價值，果敢應戰。在提供獨家商品與服務方面，多加把勁吧。

「支」——不戰而勝

「支」是岔路有許多分支，不論我軍或敵軍先進入都不利的地形。在市場上來說，就是「不論怎麼想，都無利可圖的市場」，沒有必要刻意投入那樣的市場。

應該要注意的是，敵方公司進入之後故意顯露出好像有利可圖似的引誘時，千萬不要上當。

「隘」——先手必勝

「隘」是指兩側有岩盤突出，道路寬度非常狹窄的地方。在市場上，相當於可以搶得先機者就可以獲得優勢的領域。

最好是優先進入市場，全力投入並迅速獲得客戶。如此一來，其他公司要新加入這個戰場就很難。

不過，就算讓敵方公司捷足先登了，也不要輕易放棄。該公司若是沒有能夠立刻襲捲市場的強項或戰略，我方就有機可乘。運用超越對手的技術與專業技能，試著逆轉情勢吧。

「險」——走為上策

如同字面意義，高聳險峻的地形就是「險」。就市場上而言，是指那種規模不太大，但目前已經有好多家公司鎩羽而歸的狀況。

這樣的市場，只要無法搶得先機，就應該罷手。如果拔得頭籌，則要用心獲得顧客支持，讓其他公司打消進軍的念頭。

「遠」——勢均力敵的覺悟

「遠」是與敵我雙方都相隔遙遠的地形。在市場戰略上，不論哪方公司進軍都可以想見是規模、能力不相上下的狀況。

無論如何都要在這樣的市場中作戰的話，只有抱著勢均力敵的覺悟。必須注意，不要「兩敗俱傷」。

由上述觀點，認清楚自己公司目前要一決勝負的市場現狀，擬定進攻的戰略就對了。

41 瞭解導致組織衰弱的原因

公司之所以衰退，大多是因為內部員工間的關係不和睦。當然，景氣低迷或時代轉變等外在因素也有關係，但是實際上由內部開始腐壞的情況很多。

孫子認為「戰爭失敗的原因，來自於軍隊內部的紊亂」，而且全都是因為將軍的統率太糟糕。

故兵有走者、有弛者、有陷者、有崩者、有亂者、有北者。凡此六者，非天之災，將之過也。

企業也一樣。社長不具備領導能力的話，既無法提振員工士氣，組織也缺乏協調一致性。我們由這段文字來看看，公司往衰退的方向走去，原因究竟在哪裡。

①走者——夫勢均，以一擊十，曰走。

「即使能力上差不多，但如果是去攻擊人數多於我方十倍的敵軍，我方士兵會一個接著一個落荒而逃」，這種狀況，大家心裡都有數吧。要求部下達成超出他個人實力、門檻過高的工作，不論是誰都會想逃吧。

不管對員工的期待有多高，貿然交付難度太高的工作需有待商榷。很可能因此失去優秀的員工。關鍵在於所交付的工作，難度應該只略高於實力一點點，但足以燃起鬥志，讓當事人覺得「只要努力試試應該可以達成」的程度。

②弛者——卒強吏弱，曰弛。

「士兵強、官吏弱，則紀律散漫」，這樣的狀況在公司裡也一樣。就像上司對優秀的下屬感到棘手，產生管理鬆散的情形。下屬會輕蔑上司，不聽指揮。

這是人事安排上的錯誤。優秀的下屬，絕對要交給毫不畏縮並要求嚴格的傑出上司去管理，這是不變的法則。

③陷者——吏強卒弱，曰陷。

「官吏強、士兵弱，則士氣不振」，與②相反，並不是上司優秀就好。當上司顯得過於強大時，下屬會感到「實在難以追隨」，而喪失鬥志。

這也是人事安排上的錯誤。氣勢弱的下屬，與其交給精明的上司，不如交給具包容力、態度溫和的長官比較適合。

④崩者——大吏怒而不服，遇敵懟而自戰，將不知其能，曰崩。

「指揮官對將軍的做法感到憤怒而不服從，在遭遇敵軍時，因為對將軍的怨懟而憤然擅自出征。將軍也不惶多讓，因為控制不了指揮官而不知所措。這種狀況下，組織將會崩壞」，這樣的說明相當具體，是在公司也常發生的情況之一。

社長若是無法制止部門負責人或幹部的獨斷獨行、魯莽行徑，組織將難以完整。雖然不必因此變得專權蠻橫，但不該允許擅作主張的行為。

⑤亂者——將弱不嚴，教道不明，吏卒無常，陳兵縱橫，曰亂。

「將軍沒有威嚴，軍隊沒有明確的方針，每個士兵都不守紀律，陣法亂七八糟，管理混亂」，在公司內部徹底灌輸經營理念與方針，是身為社長的重要工作之一。做不到這一點的話，組織無法同心協力。

平時要經常向員工傳達經營理念與方針，保有社長的威嚴。

⑥北者——將不能料敵，以少合眾，以弱擊強，兵無選鋒，曰北。

「將軍對於敵情一無所知，以少量士兵與大軍對戰、以虛弱的態勢攻擊強敵，陣營中也沒有精銳部隊，敗北是必然的結果」，社長疏於打探消息，或是明知前方很危險卻輕率行事，是最糟糕的。沒有培養精銳部隊，簡直就像是為了吃敗仗而戰。

所謂「準備不充分或能力不足而導致壞結果」就是這樣。要採取行動之前，原本就該再三慎重，盡可能做好各種必要措施，達到「幾乎已經勝券在握」，有十足把握時再行動。

雖然偶爾也會出現「且走且戰」，而且還算順利的情形，但最好還是想著一般都是失敗的例子比較多。

身為社長，無論發生任何事都必須要有「**自己承擔一切責任**」的覺悟。運動團隊中的教練不也常說：「選手們都盡力了。會輸，完全是我的錯。」保有這樣的氣魄，仔細觀察組織之中是否有任何疏漏，率領員工向前邁進吧。

42 愛惜員工如同自己的子女

視卒如嬰兒，故可以與之赴深溪；視卒如愛子，故可與之俱死。

孫子以親子來比喻將軍與士兵之間的關係。他說：「正因為將軍視兵卒如同嬰兒一般疼惜，即使危險的深谷也能率領前行。將軍視兵卒如同自己的孩子，所以在戰場上才能生死與共。」

社長也必須對員工灌注如此深刻的情感。愈是能夠做到如此，不論面對什麼樣的困難，員工都會信任社長、永遠追隨。如果當公司經營開始不穩定時，員工便連忙求去的話，不得不說是因為社長對員工付出的疼惜還不足夠。努力試著由衷愛惜他們如同自己的子女吧。

不過，那樣的疼惜和「嬌寵溺愛」並不相同。關於這部分，孫子也有所考量，提出了三點注意事項。

厚而不能使，愛而不能令，亂而不能治，譬若驕子，不可用也。

「只是給予優渥的保護，無法培養可用的人才。光只是疼愛，無法讓他服從命令。即使破壞規矩也不追究，將難以管束行動。舉例來說，就會變成任性驕縱的兒子一樣。」

對現代人來說，或許會覺得聽起來刺耳。然而近來不論是在校園或企業中，上對下幾乎都傾向於以一種像在對待膿包似的態度，讓人深深覺得真正的關愛已經成為次要選擇。

若以要傳達給各位經營者的一段話來解讀的話，意思如下：

「只有厚待員工是不夠的。要因應對方的能力、專長、性格與人品，提供他一展所長的空間。所謂灌注深厚情感的真正意義，是讓對方絕對遵守指示命令與職責任務。即使員工擾亂了秩序，負責讓集團立刻恢復井然有序的就是社長。」

43 提高勝率

在「勝率五五波」的情況下作戰，說不上是明智之舉。若無法預估更高的獲勝機率，豈不是極度危險嗎？

所謂「勝率五五波」是什麼樣的狀況？孫子提出了三種。

第一、「**知吾卒之可以擊，而不知敵之不可擊**」——雖然掌握了我軍實力，卻對敵軍戰力的強大程度一無所知。

第二、「**知敵之可擊，而不知吾卒之不可以擊**」——雖然知道敵軍的戰力不佳，卻不了解我方實力有多少。

第三、「**知敵之可擊，知吾卒之可以擊，而不知地形之不可以戰**」——對於敵我雙方的實力都有所認知，卻沒有注意到地形上不利的狀況。

換句話說，把握敵軍實力、我軍實力、還有地形上的利與不利，就是提高致勝機率的必要條件。

這些都可以直接套用在對手企業、我方公司，還有市場動向之上。只要對敵我雙方公司的實力有所了解，勝率大概可想而知。再加上市場動向如果對我方有利的話，勝算又更大了。

與對手企業競爭時，要認真思考：「敵我雙方的實力究竟誰佔優勢？由市場動向來看，有沒有任何阻礙？」再決定要不要加入這場戰事。

只要確實做到這些，既可以毫無顧慮投入爭奪戰，又不會陷入苦戰。

提高勝率的祕訣只有一個，就是孫子的這段名言：

知彼知己，勝乃不殆；知天知地，勝乃可全。

第十一 九地篇

整頓心情處理事務

44 讓煩雜的心平靜下來

用兵之法，有散地，有輕地，有爭地，有交地，有衢地，有重地，有圮地，有圍地，有死地。

這九種地形的其中幾個，前面也提到過。在這裡將地形解釋為**「社長和員工的心理狀態」**，學習如何讓煩雜的心情平靜下來以便處理工作。讓我們融合方法論，依序來看看。

①「散地」——諸侯自戰其地者

由於在自己國家境內作戰，士兵會十分擔心家人。處於注意力分散不適合作戰的狀況，這就是「散地」。

社長和員工也一樣，一旦掛念家中或個人的私事時就無法全心投入工作。尤其是當社長出現這種情形，連員工也會感染到「渙散的氣氛」，組織將無法成為一個整體。

這種時候，孫子說：「要中斷戰事，重新來過。」也就是要專心一志、重整態勢的意思。心中掛念著其他事一邊做著工作，不可能提高生產力。先處理完擔心的事項，神清氣爽後再重新著手進行就好。

②「輕地」——入人之地不深者

「輕地」是指已經踏入敵國境內。由於還未深入內地，士兵們多半有著「現在還來得及逃回家」的心態，恐怕會出現輕率的舉動。

以公司來說，就像人事異動頻繁，員工認為「反正不久還會有異動」，所以歸屬感不強。開會時也只是嘴巴上隨便說說，追求目標的動力薄弱。

為啟發員工的新技能，固然需要有所異動，但是太頻繁的話，就難以在同一項工作上投注熱誠。掌管人事安排的社長，必須注意到這一點。

不過近年來，無關異動的頻繁度，這種「有口無心」的員工似乎很多。說話非常輕率、考慮不周詳。我常聽到一些社長抱怨說：「他們會說些有趣的事情炒熱會議的氣氛，可是所說的內容從來沒有一件付諸實行過。」原因之一，就是在於對公司的歸屬感薄弱。

孫子說：「集合可信賴的人手，沉著處事。」身為社長，不要任由那些巧言令色的員工擺布，必須用心培育可信賴的人才。只是不斷調動員工，覺得「這個不行、那個也不行」的話，根本解決不了問題。

③「爭地」——我得則利，彼得亦利者

戰略上的要地就是「爭地」。無論哪一方的軍隊「只要拿下這裡就佔上風」，士兵們會熱烈積極地展開一場激烈的爭奪戰。

這部分和市場上熾烈的瓜分爭奪有共通之處。社長與員工為爭取市場上的一席之地而拼命努力固然很好，但精神體力畢竟撐不了太久。即使一開始的衝勁很有看頭，但漸漸會失去速度。

公司也一樣，剛開始創立新事業、進軍新市場的時候，起先都會有「好，拚了吧」這種幹勁十足的氣勢吧？可是一年過後，當人家問起：「咦？後來怎麼樣了？」回答「哦～曾經是有過那麼一件事」的人很多。

業績也是如此。儘管一開始有了好成績，但是差不多進入第三季之後就顯著滑落的企

業何其多。為了不落入這樣的下場，孫子認為「不要過度自信而魯莽行事，冷靜觀察事態進展，等競爭告一段落之後再進攻也是一種戰略」。

身為社長，與其和員工一起開先鋒拚速度，不如以「或許不一定非得現在進攻」這樣的眼光盯住市場動向，提供員工明確的衝刺時機更為重要。

④「交地」──我可以往，彼可以來者

「交地」是敵我雙方都容易進入，沒有阻礙的地方。也正因為如此，士兵們幾乎沒有休息的空檔。

置換為市場來說，因為接連不斷會有競爭對手出現，社長和員工將不時處於緊張狀態。就算全力進攻去開發新客戶，說不定一下子就讓對手趁機搶走了。

處於這種戰戰兢兢的狀態下，孫子認為「宜守勿攻」。社長應該採取的路線，是讓公司可以團結抗戰，鞏固防守。舉例來說，像是組織匯集菁英的專業團隊，或是為使決議迅速執行，內部重新編制等。

只要整頓一個讓組織團結一致的環境，員工的心自然會冷靜安定下來。

⑤「衢地」——諸侯之地三屬，先至而得天下之眾者

「衢地」是交通的要衝。即使敵國本身弱小，卻隨時可向周邊大國請求協助。我軍在進攻時，始終會因為大國的存在而感到膽怯。

企業之中，有些是「員工裡一字排開，不是出自名門世家就是父母大有來頭，後台很硬」的狀況。集合了這些員工，就可以借助國內重要人士或知名企業的力量去推展事業。

以那樣的企業為對手，對於單打獨鬥的公司來說是相當辛苦的。不過，沒有必要畏懼在背後操控的大人物。只要跨越過眼前的對手企業，與大人物拉近關係就行。比方說，要想著不以「轉了好幾手的承包商」為滿足，而是以「直接承包大企業的工作」為目標。這就是孫子所說的「衢地則合交」，相信可以做出一番規模更大的事業。

⑥「重地」——入人之地深，背城邑多者

深入敵軍內地，後方有敵城控管的狀態為「重地」。因為可能無法活著回去，使士兵們難以動彈、驚慌失措。

這就像一頭栽入自己公司不擅長的領域，被捲入競爭中的狀況。員工們實力不足而死命掙扎，因為不知何時將被強勁對手吞噬而感到不安。

孫子說，這種時候「要覺悟到這將會是一場持久戰，需要在當地調度糧食與物資」。轉換成公司來看的話，就是先做眼前能做的，勉強維持事業，等待打破現狀的機會。

無論是哪個事業領域，不久便會衰退。只要在逐漸衰退之中堅持下去，競爭對手或許就會一一撤退。看準了「堅持、再堅持，一人獨得勝利」也是一種戰略。

⑦「圮地」——山林、險阻、沮澤，凡難行之道者

地形險要之處接二連三，軍隊行進有阻礙的地方稱為「圮地」。士兵會因此感到疲憊、焦躁。

公司經營中，如果是不斷出現難題的狀況，社長和員工都會覺得：「這種情況到底還要維持多久？該不會沒完沒了吧？」心情整個黯淡下來，對於描繪跨越難題後的遠大夢想，變得無能為力。

非得儘快脫離這樣的狀態不可。如同孫子所說的「要快速通過」一樣，只能在還保有

一點體力的時候全力克服。

屆時的關鍵，就像是要將諸多問題的根本徹底挖掘出來，謀求大膽的策略。社長同時也描繪出困難險阻的另一方的廣大夢想與願景，讓大家知道「突破了這一關，美好的世界即將展開」。再也沒有時間可以在難關之前徘徊，也沒有時間可以悠哉地「一個個去解決」，就痛下決心吧。

⑧「圍地」——所由入者隘，所從歸者迂，彼寡可以擊吾之眾者

如同字面上的意義，「圍地」就是被敵軍重重包圍的狀態。一旦被逼入這樣的境地，士兵的心情將遭受無力感襲擊。

以員工階層來說，假設後來陸續增加了許多優秀的新進人員，向來是公司中心人物的一些老員工就會受到孤立，感覺就類似這樣的狀況。視情況而定，有時候社長自己也會有相近的遭遇。比方說，當公司業績欠佳的時候，銀行方面不是也會派遣人員進駐指導嗎？

另外在市場方面，自己公司花了好長一段時間經營的個人舞台，其他公司因為嗅到商機而紛紛加入，只能眼看著他們漸漸瓜分市場。

不管如何，要是喪失了鬥志，只顧著蜷縮在一旁，什麼也解決不了。孫子說：「斷了退路，謀求專注於一點的火力攻擊。」要抱著「死馬當活馬醫」的心情，研擬起死回生、打出全壘打的對策。

⑨「死地」——疾戰則存，不疾戰則亡者

「死地」代表處於生死攸關、窮途末路的緊要關頭，士兵們害怕發抖到動彈不得的狀況。

當公司面臨倒閉危機時，社長和員工都會被逼到想要豎起白旗吧。但是，讓公司繼續留存是有意義的。不要輕易放棄，必須抱著一決死戰的覺悟，策畫無論如何也要活下來的生路。

這種情況下不能拖拖拉拉。不必悠哉地想著：「為什麼會變成這樣？」之類的事，只能一股腦兒地往前衝，以瘋狂的速度去進攻。就像一般常說的「緊要關頭會激發出蠻力」，這種時候會發揮出連自己都感到驚訝的潛在能力。

上述九種，都是讓人心煩意亂的狀況。如果社長不徹底整頓好自己的心情去面對的話，員工們都會不支倒地，公司也會陷入泥沼之中。

事態嚴重的時候，請回想一下**「九地」**，只要轉換心情就行。我認為這確實是「解除困境的九地」。

45 直搗敵人痛處

先奪其所愛，則聽矣。

這句話，是針對「如果敵軍有眾多兵力，擺出萬全的態勢要向我方進攻，該如何是好？」這句提問的回答。孫子說：「一開始就先搶奪敵軍最重要的東西。」

這裡提到「所愛」，各位可能會嚇一跳，意思其實是指「最重視的地方」。以公司來說，就是經營上最重要的課題、視為命脈的事業、不想被其他公司搶走的核心客層或主要通路等。那些地方要是遭到攻擊，不論什麼樣的公司都會為之動搖。算是讓無懈可擊的對手心情紊亂的好方法吧。

又或者以今日的觀點來看，將「所愛」解讀為**「智慧財產權」**也行。比方說，要是我方取得了凌駕於對手企業原有的智慧財產權之上的權利，會變得如何？由於向來自己做為既得權益而隨心所欲的那份價值將會減半，想必會感到焦急吧？

接著，孫子又提出了其他四個解答。

①「不要忘記士兵們盼望的是可以快速結束戰爭回家。」

②「要讓敵人處於措手不及的局勢。」

③「要用敵人意想不到的方法。」

④「要攻擊敵人沒有戒備的地方。」

將這些套用於企業經營，可以解讀為**「進攻大企業所佔有市場的要點」**。以下分別以我個人的看法來註解。

❶讓對手企業見到今後將有一波波難題湧入，並有進入長期戰的情勢，促使對方感到厭煩不耐。」

❷「在不讓對手企業發現的情況下積極進行開發，接連不斷推出新商品。」

❸「加入網路販售等，刷新以往的販售方式，創造新市場。」

❹「針對目前為止不曾鎖定的客層推出新商品或新服務。」

不論哪種方式都是奇襲。只要採取沒人料想得到的行動，即使對手是業界巨人，也可能打個不相上下。

46 進軍海外市場，要以「單程票」的覺悟去面對

孫子分析：「遠征深入敵國境內，陷入極度危險的境地時，士兵們便有著『已經無所懼』的心態，團結一致像獅子一樣氣勢勇猛。所以指揮官根本無需下達任何指令，即使默不作聲，士兵也會如自己的期待去行動、互相約束、親近相助，達成任務。」一如同以下這段話：

兵士甚陷則不懼，無所往則固，深入則拘，不得已則鬥。是故其兵不修而戒，不求而得，不約而親，不令而信。

的確，一旦到了生死攸關的緊要關頭，整個團隊就成為命運共同體。團結的力量將會增強到平時的數倍、甚至數十倍。雖然不是說因此就要刻意營造出那種危險的狀態，但在海外推展新事業的時候，是有必要意識到這一點，讓員工置身於那樣的狀況下。

首先，派遣到海外的員工之間的團隊合作是決定性關鍵。事業推展是否順利，完全要看整個團隊是否都有著「鞠躬盡瘁」的覺悟去面對挑戰。

所以社長要將這個小組送出海外時，請嚴格下達指令：

「各位要想著，在任務成功之前不可能回國。買張單程票去打天下吧！」

不論是誰，一旦遭人斷了退路，就會定下心來：「只好在海外打拼了！」因而振奮精神，自然而然整個團隊會通力合作去處理事務。固有「無論如何都要提升業績」的目標，而成為一個全體共同構思、執行的團隊。至於社長嚴格的指令，就如同水戶黃門手上的「印籠（令牌）」一樣，發揮效用。

在嚴格的指令下，只要再加上一項課題就行。那就是「每天一定以『必勝』為主題，反省當日的工作內容並思考改善方案」。

我參與過很多企業重整的案子，其中我認為最重要的事情是**「每日結算」**。所以想在這裡建議各位。

今天為什麼獲利增加了？為什麼沒有增加？發生了什麼問題？事情進展順利嗎？包含成功的模式在內，從回顧一整天的經過，來確定今天的成果。接著，研擬出「明天就這麼做吧」的改善方案。這麼做，將快速提升改善問題的速度。如果採用**「每月結算」的話就太慢了**。

這並不只限於海外事業，希望各位可以應用在所有業務上。

似乎有點不相干，不過這段話的最後，真的很有詩意。

令發之日，士卒坐者涕沾襟，偃臥者涕交頤。

「發布決戰命令的那一天，席地而坐的士兵們淚濕了衣襟，躺臥地上的士兵眼眶泛淚，涕淚縱橫流滿腮。」——兵法書中寫入這樣的一段文句，可見孫子感性的一面。儘管孫子身為一名冷靜理性的兵法家，他還是具有十足的人情味與豐富的情感。

47 要執著堅定

把軍隊整頓得毫無拘束、揮灑自如的將軍，孫子以「率然」這種蛇來比喻他們。從棲息於中國的五嶽之一——恆山的這種蛇身上，可說是見到了理想中的組織型態。社長要將組織經營成一個勇士團隊的智慧，就在下面這段話裡：

擊其首則尾至，擊其尾則首至，擊其中則首尾俱至。

「打擊牠的頭部，就會被尾巴乓地一聲反擊；攻打尾巴，頭部就會猛撲過來。如果因此而襲擊身體中段，則頭尾兩端都會反撲。」——由於不論攻打哪個部位都會招致反擊，所以是無懈可擊的蛇。

身為社長，一定很想將自己的公司經營成這樣的組織吧。由這段文章浮現出的，便是擁有「勇士形象」的員工。

「以強勁的手腕奮力一搏。要是手腕被斬斷，就踢腿反擊。要是腿被斬斷了，就用牙齒咬住不放。萬一牙被拔掉了，就用身體猛力撞擊。當身體遭到綑綁，失去自由的時候，也要謹守最後『絕對致勝』的信念，用信念迎接挑戰。」

總之，無論受到什麼樣的攻擊都會立刻重整架勢，用盡最大的力氣不斷頑強地反擊。如果團隊是那麼地執著而堅定，公司就會變得強韌。

這段話的後續，孫子又針對「要使軍隊像率然一樣，該怎麼做？」給予了答覆。

「曾經是仇敵的吳國與越國，當士兵們搭上同一艘船，遭遇暴風雨時，不也是互助合作了嗎？同屬一個軍隊的話，應該更容易團結一致。讓他們置身於非得同心協力不可的狀況下，便是關鍵。」

這是來自於「吳越同舟」的典故。可以解讀為，身為社長的職責，除了將員工鍛鍊為勇士之外，為使大家團結一致，必須常常給他們一點危機感。**「齊勇如一，政之道也」**這句話，正是在說明這件事。

48 該隱瞞的軍情就要保密

近來認定所謂「公開透明化的經營才是正確的」觀念，所以傾向於消息公開不設限。當然，一些代表業績的繁瑣數字、已經敲定的事業計畫、確定販售的新商品等，應該公開的資訊必須要公開，不行隱匿或竄改。

可是，該隱瞞的軍情就非得要保密不可。例如針對業績狀況在研擬什麼樣的對策、打算讓市場讚嘆的新產品開發，正以什麼樣的形式進行、人事改革計畫的真正目的又是什麼等，這些可以讓公司一舉贏得優勢的戰略，都應該盡可能保密。

視情況而定，如果有些事情是連公司內部都必須控制只讓少數人知道的話，當然也要下達封口令。同事間在壽司店裡喝個小酒就把公司機密掛在嘴邊，更是要不得。你根本不知道隔壁桌坐的是什麼人，不是嗎？事實上，我自己就曾經在壽司店裡聽到過那樣的內容，對於這些人如此毫無防備真是感到訝異。

孫子認為**「隱瞞該隱瞞的事」**，是領導者必要的資質之一。

能愚士卒之耳目，使之無知。

他甚至表示：「作戰的內容，不必鉅細靡遺都讓士兵們知道。」也就是「要隱瞞的話，就從自家人開始」。

孫子在這部分提出了五項領導者必備的資質。為引起各位的共鳴，依照我個人的解釋附註如下：

①無論處於何種狀況下，必須常保冷靜，任何事都要深入探索與思考。
②不要偏袒員工。將個人的好惡擱置一旁，以公平的觀點去評斷。
③不對員工多說無謂的事，只需簡單扼要下達指令交代任務。
④會讓員工喪失鬥志的消息，大可不必讓他們知道。
⑤在認定對員工有好處的情況下，提供與事實不符的消息也無妨。

總而言之，那種少根筋、什麼事都毫不保留到處說的社長是不行的。

49 以額外的報酬打動人心

非常難以達成的工作、冒著生命危險的工作、要求高度技術的工作、為許多人營造夢想與感動的工作等，這些以高水準完成特別任務的人，將獲得高額的報酬。

公司職員，原本就該如此。要是孫子見到了這種員工安於「年功序列（依年資決定排序制度）」或「終身雇用（長期雇用制）」的經營型態，恐怕會認為「這種制度實在太天真、太幼稚」而感到驚訝吧。

施無法之賞，懸無政之令。犯三軍之眾，若使一人。

「給予額外的報酬，在非常時期下達超出法規的命令措施，必須達到動用所有兵力如同操控一人那樣的效用」，這就是孫子的想法。

簡單來說，「如果提供多一點報酬，根本無需一一費心指示就能任由你差遣，非常時期不要僵化執著於原有的規定，只要確實表明要執行法規外的措施，人們自然會對自己擔負的任務產生積極的意志而努力奮鬥」。

或許有人對於這種用金錢差遣他人、還有獎勵違反規定的做法感到有些抗拒，但只要反過來想就能明白。

假設冒著性命危險跨越了難關、投注罕見的才能與精力完成一項工作之後，還是拿一樣的薪水，你會有鬥志嗎？難道不是以「達成任務後將獲得額外的報酬」為前提，才更能激勵員工去完成特殊的任務嗎？

還有，一旦遇上不儘快解決就會損失慘重的情況時，社長如果仍表示「提出書面報告給我」或「不按部就班就無法決定」的話，員工難道不會覺得「真是太扯了」嗎？

額外的報酬與打破常規的指示，都是求取最大利益時所需要的。社長不該小裡小氣、拖泥帶水。

第十二

火攻篇

研擬品牌戰略

50

提升品牌形象積極推廣

〈火攻篇〉中所闡述的是在山上或城裡放火攻擊敵軍的戰術。以現在的戰爭來說，相當於「空中作戰」吧。

不管怎麼說，這部分看似與公司經營不相干，其實不盡然。如果以蔓延的火勢來說明公司的評價，可以應用在品牌戰略上。我打算由這個觀點來解讀。首先，看看開頭的這一段：

凡火攻有五：一曰火人，二曰火積，三曰火輜，四曰火庫，五曰火隊。

「火攻中，有在林野間放火攻擊埋伏的敵軍、燒毀野外儲藏庫的物資、放火攻擊運送物資的輜重部隊、燒毀存放物資的室內倉庫，還有火燒敵方紮營的駐軍等五種方式。」

這些全都要套用在品牌戰略中的話，有些牽強，所以下面只提出三項要素。

第一項是「人」。可以解讀為「增加鍾愛自家品牌的粉絲」。人一旦喜愛某種品牌後，只要商品上有該品牌的標籤和圖案，就會優先購買。就這個意思來看，商品上有著象徵品牌獨特個性的標籤或圖案，可以說是必備條件。

第二項是「積」和「庫」。也就是「以品牌戰略超越價格競爭，確保一定的業績」。如果是自己喜愛的品牌商品，即使價格有點高也會買下來。甚至不如說，正因為價格高而更受歡迎。當品牌的評價攀升後，就能跨越最令公司煩惱「便宜最好」的價格競爭。

第三項是「輜」和「隊」。是「以品牌戰略超越業種籓籬」的概念。只要品牌力量夠強大，不論在通路、事業領域、甚至是業界與業種的區隔界線都能突破。換句話說，進軍異業變得容易多了。例如，知名品牌寶格麗（Bvlgari），現在已經跨越珠寶和時裝業界，拓展事業進軍化妝品、餐廳、旅館等不同業種，就是能夠達到如此境界。

藉此可以了解到，一旦擁有品牌戰略，就可具備這麼強大的攻擊力。

只不過，要提高品牌認知度是有條件的。

發火有時，起火有日。時者，天之燥也。日者，月在箕、壁、翼、軫也。

凡此四宿者，風起之日也。

如同「空氣乾燥的時候點火，由星象觀測挑選一個起風的日子讓火勢蔓延就行」，要讓品牌形象的火種擴散蔓延，需要一定的條件。

最直接的解釋是「了解時代風潮，進一步察覺社會所需」這點很重要。首先要思考社會追求什麼、大家想要什麼。接著用煽動社會與眾人饑渴的方式，去推廣形象。

更進一步，我代替孫子提出自己構思的四項戰略要點。

第一、**高品質**。關於這一點，應該不需要說明吧。要確立品牌地位，具備良好的品質是大前提。

第二、可稱為傳說的**品牌故事**。例如創業者的艱辛歷程、在歷史上受名人鍾愛、為業界帶來革命等，如果有一些故事可以感動消費者的話，將更具價值。

第三、可以感覺到**厚實的傳統**。不是老店也沒關係。例如某家和菓子店，當初與我往來時才不過創業十五年而已，但無論是店鋪本身或和菓子商品都成功地營造出一種氣氛，讓人幾乎想要問問：「這是從平安時代（西元七九四年至一一九二年）就開始經營的店嗎？」重點是「營造出有傳統感受的氣氛」。

第四、具備**獨特的處理機制讓評價不滑落**。比方說，將客訴抱怨等消息管控在公司內部不外傳的機制。現在市場上只要一有負評，除了過去的媒體之外，在網路上立刻就會散布開來。為避免這樣的狀況，不是隱瞞，而是對客訴採取迅速回應，做到讓人有「這家公司好厲害」的感覺。

請各位參考以上四點，在研擬提升品牌形象上更進一步思考推廣拓展的戰略吧。

51 善用媒體

要讓品牌這種公關行銷的火種愈燒愈旺，還有一件事情很重要，那就是要運用一些「手法」。關於這部分，孫子提出了五項重點。這些都是可以套用在品牌戰略的媒體活用術中。

一、**「火發于內，則早應之于外」**

「潛入敵軍陣營者一旦點著了火，外頭接應的人便要立刻發動攻擊」，這稱為正統的方法。

以媒體戰略來說，就是「先設法登上報紙版面，接著是雜誌、電視，再擴散到網路上」。由於資訊會在各種不同的媒體間傳遞，最初要將火種放在哪裡也是戰略考量之一。

近年來，以臉書（Facebook）、推特（Twitter）這種社群網路服務為首的網路媒體負責點燃流行熱潮的情形也很多，一開始從這裡著手也行。相較於其他媒體，消息擴散的力量更大，具有利用價值。

二、「火發而其兵靜者，待而勿攻」

「明明已經起火，但敵軍士兵毫無動靜時，不要立刻發動攻擊，先觀察一下。之後看火勢延燒的狀況，再決定要攻擊或是撤退」，就像已經對媒體有所動作，卻沒有如預期成為話題的時候，針對媒體所採用的戰略。

如果緊迫盯人催促媒體「幫我們刊登消息啦～」可能會造成反效果，讓對方覺得「這樣死纏爛打，誰要幫你刊登」，所以暫時靜觀其變比較好。如果過一陣子還是沒下文，就想想如何製造更具吸引力的消息吧。

三、「火可發于外，無待于內，以時發之」

「掌握時機，由外部放火」，當運氣一來，形成話題時，或許會想著「再多一點」，並想要發動進一步攻勢，但要是太過火的話，很可能變成曇花一現。在媒體戰略方面，「不賤賣消息」也是重點。以長期發展的觀點來看，是有必要省著點用。這種情形並不是要你拒絕接受採訪，而是考慮以不同的觀點為訊息重新加工，準備下一次的新題材。

四、「火發上風，無攻下風」

「放火要由上風處，不可逆勢由下風處火攻」，在媒體戰略中可以解讀為「想想該由日本，或是世界的何處發送訊息」。

一般會以東京為「訊息的上風處」，但最近來自於地方的消息成為注目焦點的情況增多了。首先在地方引起話題，之後跨過其他地區直接讓火苗落在東京也是一種方法。

又或者，因為處於全球化時代，可以策畫資訊的「反向進口通路」。讓日本人感受到「日本的商品在海外極受歡迎」的盛況，就會大大地令人動心。

五、「晝風久，夜風止」

「白天颳大風的話，往往夜裡風勢就會變小。因此夜間不要火攻」，媒體戰略中也要考慮「何時會有好風勢」。瞄準標的客層接觸訊息的時間區段，讓訊息大量湧現。隨年齡、生活型態、工作的不同，時間區段也不一樣。必須先仔細分辨清楚。

基於上述五項要點之外，品牌戰略中「讓題材容易成為話題的運用技巧」還有兩個特別的關鍵。

第一個是**擁有「獲得收藏家壓倒性支持」的評價**。由於收藏家是以犀利的眼光在揀選商品，也就是「挑剔的人」，所以只要獲得他們的好評價，就會形成大大有利的情勢。同樣地，讓成為鐵粉的知名人士上媒體宣傳也不錯。

第二個是**參雜在社會現象中**。當品牌商品被活用在意想不到的地方，或是顯現出在這些人之間形成一股風潮時，被當成新聞報導的機會就會擴增。

請各位併用這些方法，善加活用媒體。

52 在企業社會責任（CSR）上投注心力！

故以火佐攻者明，以水佐攻者強。

孫子在這裡提到了以火攻與水攻做為攻擊的輔助方法，「火攻是要動腦筋，看準在短期之內獲勝的攻擊；水攻是以強大的戰力為根基，進行持久戰。」

我個人的解讀，火攻是**品牌戰略**，水攻則是**企業社會責任（CSR）**。企業的體力不足時無法推展CSR，因為那是要長期投入、提升企業形象的活動。

企業活動本身就是「為世間與眾人」而進行，雖然單單如此就已經對社會有貢獻，但如今這個時代，如果沒有做到再附加「將獲利回歸給社會」，就不是社會上公認的優良企業。事實上，以大企業為中心，有許多公司在進行各式各樣的CSR。例如協助發展中國受貧困而苦的孩子，提供資金贊助給醫療、教育或環境等領域的研究活動，支持體育、音樂等文化活動，進行地方性清掃工作等，有各種豐富多樣的活動。

其中最重要的，就是**透過CSR活動，持續不斷向社會宣揚自己公司的經營哲學**。

CSR基本上會在與公司事業相關的領域中進行，在那種場合上傳達自己公司的優點，是有意義的。

此外，如同水攻要成為持久戰一樣，能持續不斷進行CSR活動也是重點。一開始從小處做起也可以。只是隨著時間增長，還是希望能夠擴大活動領域去推展。

再來，活動內容大可堂而皇之向全世界發布出去。或許有人認為「默默行善是美德」，但由於這是企業活動的一環，不必過分謙虛。

可以說，未來是「排除了CSR，企業就無法永續經營」的時代。即使目前體力不足，無法提撥出經營資源，不過一旦時機到來，務必要拿出魄力去執行。

第十三 用間篇

蒐集與活用確切的情報

53 蒐集情報不要吝於費工花錢

〈用間篇〉的「間」，是指利用間諜正確掌握敵軍情報的戰略要項。以現代來說，就是「確實蒐集情報，構築以高準確度資料為基礎的戰略」。

一開始，就是一段令人震驚的文字。

愛爵祿百金，不知敵之情者，不仁之至也

「吝惜金錢，怠於取得敵軍情報，有悖於仁義。」——甚至說這是為人最差勁的事。

這段話的前面，確實陳述了一些理由。

凡興師十萬，出征千里，百姓之費，公家之奉，日費千金，內外騷動，怠于道路，不得操事者，七十萬家。相守數年，以爭一日之勝。

歸根究柢，「戰爭是要花錢的」。孫子具體記述了下來：

「要將總數十萬名大軍送往千里之外，國家每天要投入的經費高達千金。為此，國民將被迫負擔重稅。而且戰爭中為了從後方支援遠征軍而奔波，受徵召去整頓物資輸送路線，無法專注於農耕的家庭達七十萬戶。儘管歷經數年付出了這些犧牲，一決勝負卻只要一天。一旦打輸了，所有辛苦豈非全都化為泡影。」

因此，為了要贏得勝利，不讓戰爭做無謂的拖延，在情報蒐集上不可以吝於花費。所謂「爵祿百金」，意味著給間諜的報酬。想獲得高準確度的資料，就需要優秀的間諜，這種情況下不該吝惜這筆花費。

即使是現代企業之間的競爭，也會出現「情報戰」，情報一樣是非常重要的事情。不論是發掘顧客的需求、了解時代的潮流、察覺競爭對手的動向得以先下手為強，或是掌握優秀的人才，在所有企業活動中，情報都扮演著重要角色。

孫子在這裡提到有關錢的部分，可以解讀為要委託具備精確的資訊蒐集能力與分析能力的專家所需的花費，或是為了向消息靈通人士打聽消息時所需的接待費用等，都不該吝嗇。不過，孫子更想要強調的其實是**「不要捨不得費心力去蒐集情報」**。

尤其是現代，只要在網路上稍微搜尋一下，就可以找到大部分的資訊。只不過這樣的內容誰都可以輕易到手，價值並不高。所以不是仰賴這種馬虎隨便的方式，而是像自己走在街上親自觀察時代的動向，建立商務上的人脈關係、不定期進行會談之類的，不要捨不得在這些事情上花點工夫。

孫子說：「**必取于人，知敵之情者也。**」大多時候，有用的情報並非以文字或影像呈現，而是來自於掌握現場鮮明脈動的「人」。重要的就是比任何人早一步獲得這種極為稀少的寶貴資訊。

54 情報就是如此挖掘出來

故用間有五：有因間，有內間，有反間，有死間，有生間。五間俱起，莫知其道，是謂神紀，人君之寶也。

孫子說：「間諜有五種。」運用這五種間諜的同時，不讓他們彼此有聯繫，不讓他們知道各自從事的情報活動全貌，便是蒐集情報時獲得成效的祕訣，而這些提供情報的間諜，都是君王的寶物。

我們將這「五間」套用在企業的資訊蒐集活動中，先以「從誰那裡挖掘」的角度來看看。

第一個是「因間」。由於是敵國境內的村民，所以不必擔心遭人懷疑是間諜。就商界來說，相當於同業中其他公司的人。雖然是競爭對手，但由於是同業，成為熟人的機會應該也很多，可以找機會喝個小酒，在閒談中不經意挖掘一些消息。所以，與同業之間一定要保持良好關係。

第二個是「內間」，指的是位居敵國中樞的幹部。由於他們掌握核心情報，會提供有價值的資訊。在商場上也一樣，如果可以與對手企業中的幹部層級人員拉近距離，就再好不過了。雖然有些難度，不過類似主動帶點對方感興趣的東西做為小禮物，或許有機會與對方談些比較深入的內容。

第三個是「反間」，就是來自敵國的間諜。幾乎可以說，沒有比他們更了解敵國軍情的人了。應用於商務上，當對方來查探我方消息時，可以反問：「give and take（施與受）不就是要先 give（付出）嗎？不如你先跟我說明一下貴公司的那件事……」類似這樣，在提供我方訊息之前，先挖掘出對方的情報。

第四個是「死間」，就是內奸。由於身分要是曝光會被殺死，所以用這個名稱來稱呼。在商務上，相較於蒐集資訊，大多應用在防止訊息洩漏方面。也就是懷疑「消息似乎走漏」時，會刻意對那個人放出假消息。果真洩漏出去的話，「確實是內奸」就可以揪出來了。這樣的人，當然只能請他走路。

第五個是「生間」。所擔負的任務，是必定要活著回來報告潛入敵國所獲得的情報。

這些人必須具備相當高的技能。這部分要套用在商場上，似乎顯得太過險惡，因此以**「擁有各個領域的資訊來源」**來解釋。例如這個領域給這個人、那個領域給那個人負責，讓許多專家擔任資訊提供者並形成網路化，在需要的時候就會獲得很多相關訊息。

以上是根據原典籍所提出的解釋。另外在這裡要提供「田口版的五間」——**「現今企業活動中的五項必備資訊」**。重點在於每一項都是以「全球規模」進行。

①隨時都在變動的匯率資訊
②資源材料開發資訊
③所有相關領域的國際基準動向資訊
④同業中其他公司、競爭對手的企業動向資訊
⑤專業研究人員、經營者的獵人頭資訊

進入全球化的現在，即使是日本的國內企業也會以某種形式與海外企業攜手。除了必然牽涉到匯率問題之外，對於世界上的什麼地方正在開發什麼樣的資源材料等，也必須要知道。

此外，由於不了解國際基準受到有力國家怎麼樣的操控扭曲，必須得保持關注，熟知競爭對手的動向也是理所當然，至於人才，更是希望可以向世界廣大徵求。

請各位記住，這五項資訊將是今後企業活動中不可或缺的。

另外，還要為各位提出五項**「非常時期必備的資訊蒐集工作」**。

①自家工廠陷入無法生產的窘境時，相關替代工廠的資訊

②無法供應資源材料時的替代廠商資訊

③現行運送通路無法使用時的替代管道資訊

④現行銷售通路無法使用時的替代通路資訊

⑤現行經營體制無法執行時的替代體制資訊

不論哪一項，如果等到事情發生才想著「工廠怎麼辦？有沒有其他銷售通路？」再打算去找的話，就太慢了。請各位將此與孫子的「五間」一併列入參考。

55 當一位傑出的社長

說起來，所謂利多（好康）的消息到底是什麼？常常看到有人會四處探詢：「有沒有什麼好康的？」即使用這樣的方式問再多也沒有用。因為所謂的利多消息，指的是「現在對我而言」的利多，並不是對所有人來說都算是利多。

按照這個道理，不要只是蒐集由各個地方流入的資訊，必須經過分析選擇與取捨，或以不同的組合方式，整理成可以應用於自己公司業務上的資料。

我認為，有這種錯誤觀念，只是蒐集大量情報而為此滿足的人，好像出乎意料地多。這是最基本的概念，請各位要再次認清這一點。

那麼，成為戰略關鍵要項的資訊要如何取得？孫子是這麼說的：

「要獲得確實有用的利多資訊，提出請求者本身必須是優秀且人品高尚的人。假使不是一個讓提供資訊者認為『如果是為了他的話……』這種受敬重、能感受到恩情的人物，想必不會願意提供消息。身為社長，要能夠成為一位具有濃厚情感、顧慮到他人內心微妙變化的仁德之士，這點相當重要。」

最後的結論是，**能否取得利多的資訊，與請託者的人品有關**。原文如下：

非聖賢不能用間，非仁義不能使間，非微妙不能得間之實。

此外，最後這段話更是令人印象深刻。

昔殷之興也，伊摯在夏；周之興也，呂牙在殷。故惟明君賢將，能以上智為間者，必成大功。此兵之要，三軍之所恃而動也。

古代的大國——殷，有一位聞名的宰相伊尹；周有一位知名的臣子呂尚，他們兩位都曾經一度身處敵國，擔任蒐集情報的工作。那是因為折服於殷．周的明君，所以願意提供情報。

孫子以此為例，說明了「能否取得戰略核心關鍵的有利情報，在於將軍的人品」。或許我們可以解讀為：

「身為社長，如果不是一個連對手企業中有能力、有才華者都欽佩折服的品格高尚之人，難以指望獲得成功。」

希望目前是社長、或換個說法為位居領導者，還有今後以此為目標的人，能夠比現在更勤於自我磨練。以精確有利的資訊為基礎，擬定優秀傑出的戰略，得以勝券在握。由衷祝福各位，不畏艱難奮戰到底。

〈後記〉

目前為止，不知已經讀過多少回「孫子」了。肯定是有五百次以上。然而，依舊百讀不厭。整體來說，雖然只是一本古書，但每每閱讀的當下都感到樂趣無窮，因為總是可以用不同於以往的方式去解讀。

這樣的經驗，真可說是人生一大樂事。

這一次，也是隔了一段時間再次詳讀「孫子」，完全充滿著新鮮驚奇的感受。若是這份感動已如實地傳達給各位讀者，再沒有任何喜悅更甚於此了。

最後，我要向幾位給他們添了不少麻煩的先生女士，由衷地致上謝意。

Sunmark 出版社社長植木宣隆先生、特別是本次擔任編輯工作的新井一哉先生、千葉潤子小姐，還有負責企畫的出版製作人岩下賢作先生，謹藉此向各位表達感謝。

田口佳史

國家圖書館出版品預行編目資料

社長的孫子兵法：孫子給社長的 13 大謀略 & 55 項謀術／田口佳史 著；
葉小燕 譯 . -- 第一版 . -- 臺北市：天下雜誌，2017.08
248 面；14.8 X 21 公分 . --（天下雜誌；商業思潮 082）
譯自：社長のための孫子の兵法
ISBN: 978-986-398-279-1（平裝）
1. 孫子兵法　2. 研究考訂　3. 企業管理　4. 謀略
494　　106014081

商業思潮 082

社長的孫子兵法

孫子給社長的 13 大謀略 &55 項謀術

社長のための孫子の兵法

作　　者／田口佳史
譯　　者／葉小燕
執行編輯／黃雅琳
校　　對／龍穎慧、蔡佳純、莊淑淇
封面設計／集一堂有限公司

發　行　人／殷允芃
出版二部總編輯／莊舒淇 Sheree Chuang
出　版　者／天下雜誌股份有限公司
地　　　址／台北市 104 南京東路二段 139 號 11 樓
讀 者 服 務／（02）2662-0332　　傳真／（02）2662-6048
天下雜誌 GROUP 網址／ http://www.cw.com.tw
劃 撥 帳 號／ 0189500-1 天下雜誌股份有限公司
法 律 顧 問／台英國際商務法律事務所 ・ 羅明通律師
電 腦 排 版／新鑫電腦排版工作室
印 刷 製 版／中華彩色印刷股份有限公司
裝　訂　廠／聿成裝訂股份有限公司
總　經　銷／大和書報圖書股份有限公司　　電話／（02）8990-2588
出 版 日 期／ 2017 年 8 月第一版第一次印行
定　　　價／ 350 元

書號：BCLB0082P

ISBN：978-986-398-279-1

天下雜誌出版 2 里山富足悅讀臉書粉絲團：http://www.facebook.com/Japanpub
天下雜誌里山富足樂學會臉書粉絲團：https://goo.gl/qqBQNe
天下網路書店：http://www.cwbook.com.tw
「天下新學院」部落格網址：http://newacademism.pixnet.net/blog

天下雜誌出版　富里 足山

讀者回函卡

感謝您購買天下雜誌出版的書籍，您的建議就是我們出版推進的原動力。請撥冗填寫此卡，我們將不定期提供您最新出版訊息、優惠活動以及活力讀書會等相關資訊。您的支持與鼓勵，將使我們更加努力，為您帶來更好的作品。

讀者資料

● 姓名：＿＿＿＿＿＿＿＿　● 性別：□男　□女

● 出生年月日：民國＿＿年＿＿月＿＿日

● E-mail：＿＿＿＿＿＿＿＿＿＿＿＿

● 地址：□□□□□＿＿＿＿＿＿＿＿＿＿＿＿

● 電話：＿＿＿＿＿＿　手機：＿＿＿＿＿＿　傳真：＿＿＿＿＿＿

● 職業：□學生　□生產、製造　□金融、商業　□傳播、廣告
□軍人、政府機構　□教育、文化　□旅遊、運輸　□醫療、保健
□仲介、服務　□自由、家管　□其他：＿＿＿＿＿＿

購書資料

1. 您在何處購買本書？ □一般書店（　　　縣市　　　書店）
□網路書店（　　　書店）　□量販店　□郵購　□其他：＿＿＿＿＿＿
2. 您從何處知道本書？ □一般書店　□網路書店（　　　書店）□量販店　□報紙
□廣播　□電視　□朋友推薦　□其他：＿＿＿＿＿＿
3. 您通常以何種方式購書（可複選）？ □逛書店　□逛量販店　□網路　□郵購
□信用卡傳單　□其他：＿＿＿＿＿＿
4. 您購買本書的原因？□喜歡作者　□對內容感興趣　□工作需要　□其他
5. 您對本書的評價：（請填代號 1. 非常滿意 2. 滿意 3. 尚可 4. 待改進）
□定價　□內容　□版面排編　□印刷　□整體評價
6. 您的閱讀習慣：□生活美學　□休閒旅遊　□健康醫療　□美容造型　□文史哲
□藝術　□商業財經　□人物　□食譜　□飲食文學　□美食導覽
□其他：＿＿＿＿＿＿
8. 您對本書或本公司的建議：＿＿＿＿＿＿＿＿＿＿＿＿

請沿虛線剪下，黏貼好後，直接投入郵筒寄回。

廣 告 回 函
北區郵政管理局登記證
北 台 字 9 9 4 9 號

116 台北市木柵郵局第 228 號信箱

天下雜誌股份有限公司 收